ALL ABOUT HISTORY

萤火虫 REFLY 037

DISASTERS
改变人类
历史的灾难

eadly events that changed history

U0247811

[英]凯瑟琳·马什———编著　尹翎鸥 丛莉———译　　中国画报出版社·北京

图书在版编目（CIP）数据

改变人类历史的灾难 / （英）凯瑟琳·马什编著；
尹翎鸥，丛莉译. -- 北京：中国画报出版社，2022.8
（萤火虫书系）
书名原文：ALL ABOUT HISTORY: DISASTERS
ISBN 978-7-5146-2143-3

Ⅰ. ①改… Ⅱ. ①凯… ②尹… ③丛… Ⅲ. ①灾害—
历史—世界 Ⅳ. ①X4

中国版本图书馆CIP数据核字(2022)第089340号

┘   └
  FUTURE
┐   ┌

北京市版权登记局著作权合同登记号：01-2021-5805

改变人类历史的灾难

【英】凯瑟琳·马什 编著　尹翎鸥　丛莉 译

出 版 人：方允仲
审　　校：崔学森
责任编辑：李　媛
内文排版：郭廷欢
责任印制：焦　洋
营销编辑：孙小雨

出版发行：中国画报出版社
地　　址：中国北京市海淀区车公庄西路33号　邮　　编：100048
发 行 部：010-88417360　010-68414683（传真）
总编室兼传真：010-88417359　版权部：010-88417359

开　　本：16开（787mm×1092mm）
印　　张：13
字　　数：260千字
版　　次：2022年8月第1版　2022年8月第1次印刷
印　　刷：北京汇瑞嘉合文化发展有限公司
书　　号：ISBN 978-7-5146-2143-3
定　　价：72.00元

灾难

地震、海啸、飓风、火山爆发……自然灾害及其带来的破坏自人类存在之初就一直困扰着我们，威胁着我们的生存。技术的进步导致了更多悲剧——航空事故、石油泄漏和核熔毁，我们正竭尽全力遏制这些不幸事件的发生。

自从媒体开始在事件现场进行全球直播以来，我们似乎已经直面了无数对灾难事件的报道。尽管如此，我们有时仍然难以理解灾难的方方面面——如何衡量灾难的规模？一个人要如何应对这些不幸？灾难一旦造成了破坏，之后又会发生什么？

本书深入探讨了历史上一些极具破坏性的灾难事件。从庞贝城的毁灭和黑死病肆虐后留下的荒凉，到"挑战者号"航天飞机的爆炸和安第斯山脉的飞机失事，人类的忍耐力被推到了极限。本书中涵盖了一系列灾难事件，让我们一起来感受目击者亲身经历的故事，参与专家访谈，努力了解改变人类历史进程的灾难。

目　录

印度洋海啸

海底崩裂，释放出如怪兽般的海啸，它漂洋过海，
在节礼日的海滩上肆虐。

在明亮的蓝天衬托下，高悬的太阳看上去喜气洋洋。似乎没有人注意到，天空下蔚蓝的大海很快就会把它所到之处全部吞没。这是一个关于印度洋海啸灾难的故事，它讲述了许多人如何下定决心去拯救生命，并确保如此规模的自然灾害不再发生。

苏门答腊岛是一个度假胜地。无论是在盛夏还是在圣诞节，你在那里都会看到包裹在温暖中的蜜糖色沙滩、小巧的传统渔船和逍遥的棕榈树在微风中起舞。友好的当地人与度假者和外国游客们愉快地聊天，他们都享受着大自然赋予这里的生机勃勃。他们不知道那个看不见的巨人正稳步朝他们走来。距苏门答腊岛巽他海沟（Sunda

Trench）海岸 155 英里[①]以外的一处，某种巨大的、拥有难以想象的庞大力量的东西正在翻腾。以往它总是懒散地在水波下移动它那巨大而又沉重的身体，但现在它已经完全被搅动起来了。它是一个位于地核之上的地质构造板块。它在黑暗的深处挣扎着寻找空间，对着相邻的板块撞击过去——这个过程被称为俯冲。最后，其中一对板块中的一块向上折断，无法再承受张力。这导致大量的能量流向斯里兰卡，从而引发了地震。这场地震被加利福尼亚的地震仪记录下来，但是分析出这次地震的结果需要很长时间。此时，

① 1 英里约为 1069.34 米。

概况

- 死亡人数: 225000+人
- 印度洋
- 2004 年 12 月 26 日

这次 9.2 级的强震级海啸造成至少 22.5 万人死亡。现存的少量录像资料显示了它的规模和瞬间的破坏力。

带着汹涌浪头和巨大体量的海水开始横穿海洋，破浪前行。

这只庞然巨兽开始慢慢地向海滩爬去。当时是苏门答腊岛的清晨，但街道上挤满了游客和当地人。街道远处是海滩。当第一波海浪袭来时，人们已经在那里晒日光浴了。有一个与海啸有关的不幸现象，就是当海啸即将袭来的时候，海水首先会从海滩上退去。因此，人们在海滩上比平时走得更远，去追逐海浪。

人们穿着游泳裤和比基尼站在沙滩上，伸出双臂，感受海风吹在自己的皮肤上，在潮湿的沙滩上扭动脚趾，因为沙子会轻轻移动以适应他们的体重。人们看到海浪向他们涌来，微微扬起了脸，笑着迎向海浪。海浪的低语声变成了低沉的隆隆声，那是成千上万互相撞击的浪花发出的声音，而海滩上的人们则缩紧手臂上的肌肉，紧闭嘴唇来迎接这咸咸的凉爽，摆好步子，把脚跟扎进沙子里……

在有限的海啸现场录像中，有一小段是海滩的长镜头。当波浪接近时，一个人平静地站在沙滩上。海浪撞上他，之后他消失了。画外音提醒——你刚刚在镜头前目睹的是一个人的死亡。那个人可能已经意识到发生了什么，但为时已晚。他可能已经注意到，海浪似乎比平时更强大，

专家指出，一个大浪就可以把一辆汽车撞翻。

▲ 当这极具破坏力的海浪出现时，路上的人们被席卷而去，人们不知道该怎么逃命

▲ 一幢建筑静立在一条满是碎木条的街道上，这里曾经就是苏门答腊岛的市中心

他可能认为自己会失去平衡，但还会重新站起来，抖一抖身子，把沙子和散落的小石子从他的短裤和头发上抖下去。然而，他和沿途海滩上其他的"小玩意儿"一起被海浪卷了起来。

海浪移上海滩时，力量是灾难性的。专家指出，一个大浪就可以把一辆汽车撞翻。在那片水域里，海浪席卷一切——从雨伞到汽车，再到砖石建筑的碎片。事实上，海浪在席卷过班达亚齐水泥厂时，形成了一堵三人高、几英尺①宽的水墙，然后工厂的墙被撕成两半，被海水拍在地上。人们被海水卷起，被漂浮的残骸猛击，然后被压在水里。在溺水之前，海浪击打的蛮力和那些碎片的利刃已给人们带来了恐怖的伤害。

这个怪物对我们来说仍然是未知的，地震学和海啸预测在当时仍然是相对较新的科学领域。这是造成很多人死亡的原因之一；专家们根本不知道这头猛兽咆哮着穿过海洋时，会怎样移动，会往哪里移动。即使他们弄明白了，也没有办法

————————
① 1英尺约为0.305米。

立即传达信息。因此，在第一次地震发生15分钟后，苏门答腊岛毫无遮挡的海岸成为第一个受到袭击的地方，那里的伤亡人数约占总伤亡人数的3/4。仅仅15分钟后，安达曼和尼科巴群岛就被夷为平地，45分钟后泰国南部遭袭，2小时后是斯里兰卡，4小时后是马尔代夫。在非洲，由于已发现这次强海啸的发生模式，人员伤亡基本上得以避免。地震学家能够对大陆发出预警，让有可能受袭击的地区得以疏散民众。

也许最让人难以接受的是，造成的损害本是可以预见的。海岸线的情况会决定受袭地区的命运。因为水下没有陡坡，无法阻挡海啸的步伐，倾斜的海岸线使这头野兽能够腹部着地滑上海岸，卡马拉海滩被夷为平地。而其他地方因远离了海潮的范围，基本上没有受到影响。

你看到的每一张有关海啸肆虐之后的照片，里面似乎都是相对无害的木头碎片，这些碎片几乎证明了现在的荒岛——昔日的度假胜地曾真实存在过。

大浪翻腾过后就离开了。海啸独有的一个特

9

点是，海浪不是简单地退去，而是把残骸一起吸回海底。有些受害者会永远消失在海底深处，有些会被冲到岸上，变成肿胀的、被鱼啃食过的尸体。

救援工作从一开始就困难重重，但人们决心团结起来。海啸摧毁了医院及其他基础设施，一些地方的供水系统也受到了污染。这引起了人们对疾病传播的担忧。在许多地方，水堵塞了道路，毁坏了发电塔。

伊莎贝拉·皮特菲尔德纪念基金

基姆和特里斯坦·皮特菲尔德的女儿被洪水冲走了，他们以女儿的名义建立了一个慈善机构。他们的女儿被称为"小贝利"，在岛上短短的时间里她就爱上了斯里兰卡，喜欢和那里的孩子们一起玩耍。这是她的第一个大假期。在她的一张照片中，一个小女孩穿着夏装，在美丽的阳光下眯着眼睛，头微微倾斜着。

到目前为止，该慈善机构都在致力于资助儿童接受良好教育，摆脱贫困。它为许多孤儿院提供资金，以支付它们的维护费用。该基金还资助修建了一座图书馆，出资举办了一个以"伊莎贝拉"（Isabella）为名的年度圣诞派对。该基金也为一个园艺项目提供植物，以便让孩子们能够享受大自然带来的乐趣。它们支持的其他的

重要项目包括在坦加勒（Tangalle）医院建立伊莎贝拉·皮特菲尔德儿童病房，在众多计划中也许最重要的是（据她的家人说）伊莎贝拉游乐场计划。这个游乐场计划已经为斯里兰卡的16个游戏区提供了资金，以此希望小女孩的灵魂可以留在让她非常开心的地方。

伊莎贝拉·皮特菲尔德基金也希望全世界的孩子们都能享受到小贝利所做的事情——当海啸发生时，皮特菲尔德一家人本打算去看大象，这原是他们假期探险的一部分。基金会的筹款活动包括售卖T恤、包和其他物品，以此向他人传递这个女孩对生活和世界的热爱。该基金的网站经常更新项目，接受捐款，帮助像伊莎贝拉那样的孩子们，让他们健康、快乐地成长。

地震的中心

事 实

70 亿美元
援助用于协助重建

23000
海啸的能量相当于
23000 个投在广岛
的原子弹爆炸发出
的能量

800
千米/小时
海啸在远海的移
动速度

2000 米
海啸冲进内陆的
距离

150000 人
据估计灾难过后
由于感染性疾病
而死去的人数

索马里
死亡人数：78 人
财产损失：131 亿美元
没有财政援助，无政府状态意味着
这个国家无法评估它自身的需求。

泰国
死亡人数：8212 人
财产损失：21.98 亿
许多在泰国海啸中遇难的都是
外国游客。第一波海啸冲击过
后，他们又回到了海滩。

马尔代夫
死亡人数：82 人
财产损失：3.04 亿美元
该地区的贸易依赖旅游业，
许多旅游预订随后被取消。

斯里兰卡
死亡人数：12405 人（准确
数字）
35322 人（准确数字）
财产损失：15 亿美元
海啸摧毁了旅游业，使南海
岸约 1/5 的酒店无法运营。

马来西亚
死亡人数：69 人
财产损失：2500 万美元
马来西亚因没有遭受经
济影响而向其他遭受海
啸袭击的国家提供援助。

塞舌尔
死亡人数：2 人
财产损失：3000 万美元
渔业和旅游业受到的打
击相当于该地区 2005 年
财政预算的 14%。

印度
死亡人数：12405 人（准确数字）
财产损失：本土为 12 亿美元，另据一些
人估计为 65 亿美元。
尼科巴和安达曼群岛的损失可能高达
6000 亿美元。捕鱼业因码头损坏而受损。

印度尼西亚
死亡人数：130736 人
财产损失：40 亿美元
人员损失最严重的地区，该地
区的经济目前仍然受到影响。

在一些地区，人们徒劳地等待援助，而援助似乎从未到来；许多地区都是孤立的小村庄，远离岛屿生活中心。首都小城布莱尔港（Port Blair）等地设立了难民中心，人们可以在那里读取定期更新的公告，看看他们的家人是否获救。

最初的地面救援工作由许多当地人负责协调，这项工作后来得到了世界卫生组织（World Health Organization）和其他组织的工作人员的帮助。有些人，比如海啸幸存者阿曼达，想到那些为拯救他人生命而失去生命的人，不禁落泪。在美丽的海滩上享受阳光，却因此受到"惩罚"，这似乎不太公平。海浪被妖魔化是因为我们把它人格化了。我们试着把它想象成是某种活着的东西，试着把它看成与自己相似的生灵，以便理解和征服它。而它也在提醒着我们，人类在这个世界上是什么样的存在。我们试图把它想象成一个正在对我们实施报复的怪兽，就像《大白鲨》里的鲨鱼，或是一个在不经意间就可以毁灭我们的沉睡中的野兽。它在提醒我们，我们在这个星球上是多么渺小和微不足道。

但事实并非只是如此。那个节礼日有数以万计的人死去，这件事似乎很遥远，因为它发生在一个遥远的像是仙境的地方，那里好像是莱昂纳多·迪卡普里奥（Leonardo DiCaprio）主演的电影《海滩》（The Beach）中的场景。电影里的那片海滩是一个让游人忘记世俗烦恼的神奇之地，游客们跑到这里来，以期忘记俗世的烦恼。

因为当时人们都在逃命，所以关于这场灾难的影像相对较少。他们不知道将要发生什么事。世界上很多地方都没有适当的灾害预防系统。这

▲ 据估计，所需援助达 50 亿美元

门学科本身也处于起步阶段，因此，即使有检验物理数据的设备，当时科学家们可能也不知道如何准确地解释得到的数据。显示器上也仅仅只能显示呈网格状的酸性氨线，科学家们和我们一样，看到这些数据会感到一头雾水。即使科学家们最终确定海啸灾难可能会波及的范围，他们也无法提醒很多人，因为没有一个联络点，让他们可以打电话通知，然后让那些幸福的晒日光浴的人在几分钟内就撤出风暴经过的路径。这场灾难提醒了我们，我们应该去关心那些与我们共享地球的同胞，即使我们并不在他们身边。我们必须确保这种灾难性的人员伤亡不再发生。

自 2003 年以来，科学家们就呼吁建立早期预警系统来测量印度洋的地质数据，但这些计划一直没有付诸实施。2005 年年初，印度洋海啸发生后不久，印度洋海啸预警系统正式建立。这个系统将地理数据与外交渠道联系起来，应该可以在未来数年内挽救更多的生命，并有助于防止多年前给世界和民众造成创伤的悲剧重演。

我们总是试图借助神话中的生物、怪物或运气来理解灾难，而个人拯救世界的能力是有限的，因为我们只是单一的个体。然而，我们能够而且确实有责任做的是，无论在风暴、饥荒或战争方面，我们都要始终保持警惕以保卫我们的家园。

在 2004 年那个可怕的节礼日之后，人们所表现出来的勇气说明，即使面对最野蛮的、最令人无助的破坏，人类仍然可以保持坚强。

十年后在泰国芭东，
游客们在缅怀那些
灾难中的遇难者

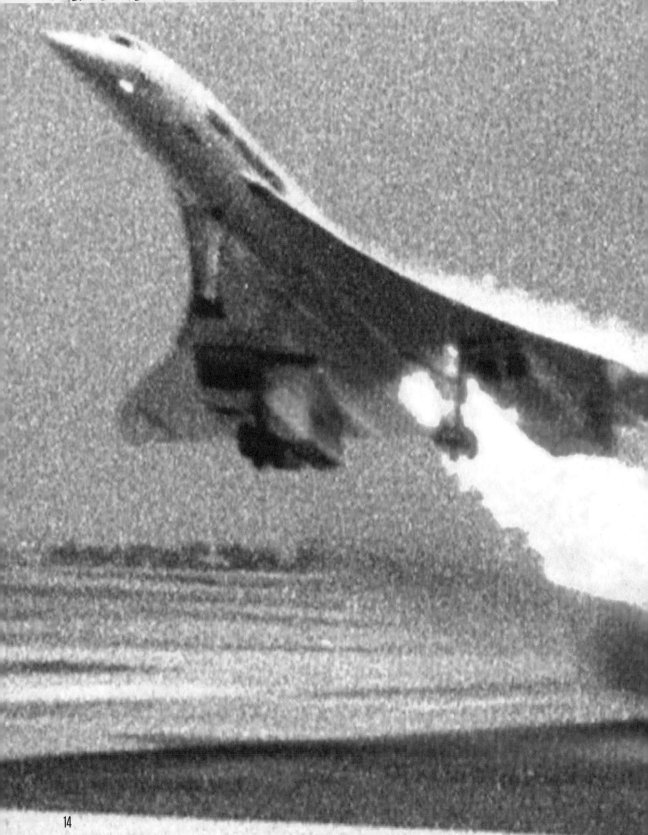

2000 年，法国

2000 年 7 月，法航 4590 航班起飞后不久坠毁，机上 109 名乘客和机组人员无一生还。这架满载德国游客的飞机预计从巴黎飞往纽约，由于机械故障而直坠地面，飞机碎片散落在跑道各处。一个轮胎爆了，一个燃料箱被刺破继而起火导致引擎失灵。协和式飞机被停飞等待调查。2003 年它们全部退役。

概况

■ 死亡人数：56 人（直接死亡）
■ 普里皮亚季，乌克兰
■ 1986 年 4 月 26 日

两万年之内，人类将无法在切尔诺贝利附近生存。4 号反应堆的爆炸和起火导致羽状放射性尘埃飘到欧洲上空。

切尔诺贝利核反应堆熔毁

一次看似常规的安全检查却导致了 20 世纪最严重的核事故。

　　30年前，世界开始了解核灾难的可怕后果。切尔诺贝利核电站位于乌克兰，于20世纪70年代开始动工。到1984年，4个反应堆开始运作。每个反应堆能够产生10亿瓦特的电力，电厂自身就为乌克兰提供了约10%的电力。1986年，又有两座反应堆在建设中，切尔诺贝利有望成为世界上最大的核电站之一。该核电站还为当地居民提供了生计，许多人因为在核电站工作而迁入该地区。普里皮亚季镇建于1970年，距离庞大的核电站不到两英里，可容纳近5万名核电站工人及其家属。这座核电站可能看起来很工业化，很丑陋，但它是有利于该地区经济发展的，并且已经成了一种象

▼ 这家位于普里皮亚季镇的酒店自 1986 年发生事故后就再也没有接待过客人

"鬼城"

普里皮亚季镇距离切尔诺贝利核电站只有3千米，核泄漏时人口不到5万。这是一个不断发展的小镇，有15所小学、5所中学、一家医院，还有体育和娱乐设施，包括一个具有奥运会比赛规模的游泳池。事故发生后，居民被疏散，但他们得到通知，可以在三天内返回，很多人便把财物留在了城里。后来居民已经返回该地区，但任何人不被允许回到这座小镇。因为该镇辐射水平仍然很高，因此仍处于隔离状态。这座城镇是20世纪80年代苏联生活的历史纪念碑：墙上仍然挂着宣传口号，而房屋和工厂还停留在那个与现在不同的时代。这里某些地方已经变得荒芜，重归天然。2002年，这座城市作为一个旅游景点对外开放，愿意签署一份免责书，承诺当遭受或死于核辐射时放弃追究责任的人，可以到此旅游。

征，象征着科技进步和西方国家的颓废。

其中一个靠这个工厂为生的人是夜班主管亚历山大·阿基莫夫（Aleksandr Akimov）。1986年4月26日，他负责4号反应堆的常规安全测试。但两周之后，他却死于20世纪最严重的核事故造成的强辐射。核电站可能在发电方面非常有效，但安全问题已经引起了关注。这4个反应堆是苏联RBMK公司设计的，可以同时生产钚和产生电力。这意味着它们不同于标准的商业设计，而是采用了一个独特的方法将石墨慢化剂和水冷却剂组合使用。除了这些安全隐患外，因为燃料棒的设计，反应堆在低功率下也不稳定。

切尔诺贝利核电站没有像其他大多数核电站那样建有大型的密封结构。这意味着一旦发生事故，放射性物质将会不受控制地渗入到周边，对人类和自然环境造成不可估量的损害。这让一些人忧心忡忡。

关于这场灾难的情况，相关报告相互矛盾。亚历山大·阿基莫夫的上司是副总工程师阿纳托利·佳特洛夫（Anatoly Dyatlov）。一些人声称阿基莫夫和其他工程师不愿意进行测试，但最终还是迫于佳特洛夫的压力进行了相关工作。佳特洛夫后来反驳说，工厂里的气氛很正常，没有人担心测试的进展。这次测试的目的是检查反应堆是否能在自身涡轮发电的情况下运行，并产生备用电力，以保证其在正常停电的情况下让反应堆

继续运行。一些可能干扰测试的安全装置被故意关闭。

测试开始了，但很明显哪里出了问题。当紧急关闭按钮被按下时，什么也没有发生。在后来的一次采访中，佳特洛夫谈到这件事时说："我觉得我的眼睛都要瞪出来了。这解释不通。很明显这不是一起普通的事故，而是更可怕的事情——这是一场灾难。"仅仅过了一分钟，4号反应堆的屋顶就突然被吹到空中，辐射开始从屋顶渗出。控制室里的十几个人——包括阿基莫夫和佳特洛夫——暴露在水平令人震惊的辐射下，其中5人在辐射爆发后不久就死于辐射灼伤。据估计，反应堆建筑里受灾最严重地区的辐射水平为每秒5.6伦琴（R）。人们待在那里，大约在500个伦琴的环境下超过5个小时就达到了致死剂量。这意味着一些工人在不到一分钟内就会受到致命剂量的辐射。不幸的是，对于在污染区域工作的人来说，一个最高可测量每秒1000伦琴的剂量表（该计量表可用来测量个人或物体暴露在辐射下所遭受的辐射值）被埋在了建筑物倒塌的瓦砾中。另一个计量表在打开时就失灵了。所有剩余的计量表只能测量到每秒0.001伦琴，在当时的情况下，表上只能显示"不在测量范围"。因此，反应堆的工作人员只能确定辐射水平在每秒0.001伦琴以上的某个地方，并不能确认当时的真实情况。事实上当时的辐射计量已经足以致命。

读到的数值不准确，大大低于实际数值，但基于这些数据，阿基莫夫认为反应堆是完整的——尽管在得出这个结论时，他忽略了散落在建筑周围的各种石墨和反应堆燃料碎片，以及另一个被认为是"坏掉了的"计量表上的高位读数。有人猜测也许阿基莫夫是真的认为反应堆完好无损，也有人猜测他认为有必要转移人们的视线，不让人们知道这里即将发生灾难。事实上，他和他那组工作人员在反应堆大楼里一直待到第二天早上，然后他派工作人员把水抽到反应堆里，然而他们都没有穿防护装备。

核辐射泄漏并不是唯一的危险。公然无视安全条例也是极其危险的。用于建造反应堆建筑和涡轮大厅屋顶的是一种可燃材料——沥青。4号反应堆爆炸，部分屋顶碎片落在仍在运行的3号反应堆的屋顶上，几处火焰在屋顶上升腾起来，熊熊燃烧。切尔诺贝利核电站消防队第一个赶到现场，试图扑灭大火。他们的主要目标是扑灭3号和4号反应堆周围的火势，并确保3号反应堆的冷却系统完好无损。其中一名消防员是列昂尼德·捷利亚特尼科夫中校。多年后，在接受《人物》(People) 杂志采访时，他回忆道："那是一个繁星满天的晴朗夜晚。我不知道发生了什么，但当我接近工厂时，我看到周围都是着火的残骸碎片，就像火花一样。然后我注意到4号反应堆

4月25日
由于4号反应堆计划关闭，进行日常维护，核电站的工程师决定利用这个机会，看看如果辅助电力供应出现故障，冷却泵系统能否利用反应堆在低功率情况下产生的电力正常工作。

晚上11点
通过吸收中子和减缓链式反应来调节裂变过程的燃料棒被降到正常输出功率的20%左右来满足测试要求。然而，很多燃料棒都调低了产量，输出功率下降太快，导致几乎整个系统完全关闭。

凌晨12点30分
工程师们担心可能出现不稳定的情况，开始调高燃料棒的产能，但仍决定继续进行测试。

1点
电力仍然只有7%左右，所以需要调高更多燃料棒的功率。自动关闭系统被禁用，以允许反应堆在低功率下继续工作。

1点21分
测试开始50秒后，电量突然飙升到危险水平，紧急关机按钮被按下。然而，输出功率还是正常的100倍。

1点24分
两次爆炸导致4号反应堆的屋顶被掀掉，里面的东西向外喷发。由于反应堆外没有钢筋混凝土外壳，大量的放射性碎片泄漏到大气中。堆芯中的燃料颗粒开始爆炸，燃料管道破裂。

灾难
倒计时

残骸上方有一道蓝色的光，周围建筑物上有几处火场。这时特别的寂静和可怕。"消防队员设法控制住了爆炸，但由于没有人穿戴任何防辐射装备，伤亡在所难免，尤其是那些在屋顶上灭火的人。6名消防队员因暴露在辐射下而死亡，还有许多人受到了长期的伤害，但他们的行动至关重要。3号反应堆的爆炸可能会导致全部4座反应堆的毁灭，如果那样，世界将面临更大的灾难。

核电站工程师和消防队员的英勇行为或许避免了更大规模的灾难，但这次核电站的核泄漏是现代历史上规模空前的。事故发生后的第二天，苏联成立了一个委员会，并关闭了切尔诺贝利核电站的1号和2号反应堆。皮卡洛夫将军开着一

辆装有辐射测量仪的卡车，冲进紧闭的大门去测量辐射。他证实了反应堆里的石墨在燃烧，并释放出大量的辐射和热量。

事故发生后，普里皮亚季附近城市并没有立即进行疏散。由于市民对事故毫不知情，不久之后他们中的许多人都病倒了，他们抱怨嘴里有股金属味儿，随后便出现无法控制的咳嗽和呕吐。

在事故发生后36小时内，当局开始从切尔诺贝利周围地区疏散居民，并告诉被迫离开家园的人们，这只是临时措施，把个人物品留在家中是安全的。一个月后，所有居住在核电站周围30平方千米范围内的超过10万人被重新安置。

4月28日星期一，切尔诺贝利核电站4号

1986 年整个欧洲的辐射量

大部分放射性尘埃都沉积在切尔诺贝利附近的白俄罗斯、乌克兰和俄罗斯的部分地区，有超过35万人离开了这些地区，在别处重新定居下来，但仍有约550万人留在那里。事故发生后，北半球几乎每个国家都发现了放射性沉积物的痕迹，但由于风力波动，一些地区受到的影响比其他地区更严重。这场灾难释放出的辐射是第二次世界大战中投在长崎和广岛的原子弹的100倍。

剂量 = 正常剂量的多倍数

- 10²−1
- 1−5
- 5−10
- 10−20
- 20−40
- 40−100
- 100+

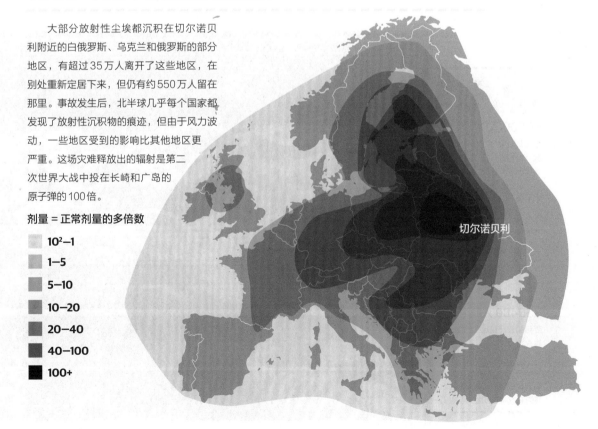

切尔诺贝利

▲ 穿着特殊防护服的辐射防控专家在切尔诺贝利灾区测量辐射量

事 实

50000 人
正在进行清理工作的人数，同时启用了生物机器人参与其中

15 天
4 号反应堆继续燃烧的天数

35 年
普里皮亚季发生事故距今（2021 年）时间

350400 人
受污染最严重地区的撤离人数

60%
落在白俄罗斯的致命核辐射物数量的占比

▲ 正在建设中的切尔诺贝利核电站 4 号反应堆上的防护穹顶

辐射正以前所未有的规模从核电站泄漏，导致大量的人丧生。

反应堆爆炸 55 个小时后，瑞典福斯马克核电站响起了警报。工作人员监测到高剂量的放射性物质，人们被疏散。警报响起时，斯堪的纳维亚半岛的其他核电站也检测到来自切尔诺贝利方向的核云团的高辐射剂量。

但在随后对切尔诺贝利核电站进行的扑救活动中犯了很多的错误。首先，使用水进行灭火。高温将水分解成氢元素和氧元素，由此产生的爆炸释放出大量热量。因此，这样不仅没能灭火，反而使火势更大。经过三次徒劳的尝试，当局从直升机上向反应堆投掷沙子、铅和碳化硼。反应堆堆芯完全熄灭，已经是 10 天之后了。随着大火的熄灭，当局将矛头指向人为造成的错误。6 名切尔诺贝利核电站的工作人员被指控在 4 号反应堆的实验中违反了安全规则。佳特洛夫被指控派遣 4 名下属去检查燃烧的反应堆，却没有告诉他们辐射的危害。他们都被判有罪。

希尔斯堡惨案

96 个无辜的人死亡。27 年后，真相才公之于众。
希尔斯堡事件是英国历史上政府试图掩盖真相的最大一起事故……

在足球比赛当日，观众的狂喊声会让人脊背发凉。成千上万的男人、女人和孩子用刺耳的齐声呼号、歌声和叫喊声为他们心爱的球队加油。没有什么能同这件事一样重要——任何事情都不行。足球常被描述为"美丽的运动"，的确如此。在足球赛季的每一天、每一周、每一个月里，球队的喜怒哀乐都会被国内外的球迷分享。暑期休赛结束后，一切又重新开始。对每一发进球、每一个没能射进的机会、每一记完美的传球、每一次传球失败，球迷都感同身受。足球迷之间的情感弥足深厚——来自各行各业的人们常常因一种激情和痴迷团结在一起，那就是要看着自己的英雄们每周都有出色的表现。

概况

■ 死亡人数: 96 人
■ 谢菲尔德, 英国
■ 1989 年 4 月 15 日

当下令打开一组大门, 来缓解旋转式栅门后冲挤的人群时, 由于警方的无能, 完全没有控制人流, 悲剧随后发生。

有些时候, 成也足球, 败也足球。正如足球教练卡洛·安切洛蒂 (Carlo Ancelotti) 所说: "足球是生活中最重要的事情, 也是最不重要的事情。"英格兰足球超级联赛利物浦足球俱乐部的球迷可能会喜欢球员比尔·香克利 (Bill Shankly) 的话: "有些人认为足球是生死攸关的事情, 我对这种态度非常失望。我可以向你保证, 足球比那要重要得多。"但此时再不是了。

1989 年 4 月 15 日是铭刻在历史上可怕的一天。一场本该是另外一番局面的比赛, 却变成了这个国家的创伤。希尔斯堡惨案不仅是一场需要悼念的悲剧, 还向人们揭示了当权者如何操纵他们的权力, 向公众推行他们自己对事件的虚假叙述, 诽谤无辜之人, 以保护自己不被起诉。

在20世纪80年代，利物浦队势不可挡，安菲尔德球场就像一座堡垒。红魔横扫奖杯和联赛冠军的头衔，这是只有在英超时代的亚历克斯·弗格森（Alex Ferguson）带领下的曼联队才能再现的辉煌。和1988年一样，肯尼·达格利什（Kenny Dalglish）的球队将在英格兰足总杯半决赛中对阵诺丁汉森林队。但是，当期待和兴奋在看台上回荡时，西平台入口的旋转门外（这里俗称"莱斯宾巷尽头"）开始出现了拥挤的人群。

随着比赛临近开球，人们在前往体育场的路上遇到了交通堵塞，这些人先是坐火车，后来再搭乘大巴。此时这些人终于赶到，正拥向体育场。十字转门旁几乎没有警察，至少远远没有预期需要的那么多，已有的那些警察很快就控制不了局面。没有组织、没有措施来围拢人群，也没有任何计划来截断人流。相反，这种情况被听之任之，最后变成一片混乱。警员们在能够俯瞰西平台的控制塔里用无线电向指挥官们报告，结果指挥官们优柔寡断，沉默不语。为了减轻十字转门的压力，有人请求打开C门，但是指挥官们还是犹豫不决。而那里聚集了更多的人，发生了越来越多的冲撞。一名警察失去了理智，做了一件警察永远不应该做的事——他对着收音机咒骂，让所有人都听到："打开大门，否则就会有人死了。"南约克郡警察局派出了1/3的警力去这场比赛的现场维护治安，这在该郡警察局历史上是最大的一次行动。但行动总指挥达肯菲尔德（David Duckenfield）似乎是一个完全没有经验、完全不了解情况的总警司。这次失败的行动源自一场恶作剧。

1988年10月下旬，一名预备警员出警到达位于谢菲尔德兰姆的一处房子。他在天黑后接到消息称那里可能会发生盗窃案。在那里，他遇到了两个持有武器的蒙面人。这个年轻警官被戴上手铐，当他蜷缩在地上、害怕丢命时，他遭到了辱骂，并被拍照。当行凶者摘下面罩、歇斯底里地大笑起来时，他意识到有人拿他开了个残忍的玩笑——一种"入行测试"。现在，他成了"他们中的一员"。他一点儿也看不出这有什么可笑的地方。带着精神创伤回家时，他把这件事告诉了妻子，并提出了正式投诉。这件事导致4名警员被解雇，莱恩·莫尔（Brian Mole）总警司也因此于3月27日被派往巴恩斯利接受"职业发展"培训，而莫尔原本是哈默顿路F区主管，有着丰富的比赛警戒经验，本应该负责安菲尔德球场星期三比赛日的警戒指挥工作。

谢菲尔德的新闻记者们参加了一场由达肯菲尔德主持的赛前新闻发布会，当时他连球队的名字都搞不清楚（他称诺丁汉森林为"诺丁汉郡"），所以在场的媒体都感觉他不合格。曾在比赛当天上午参加新闻发布会的警官马丁·麦克洛克林（Martin McLoughlin），在2015年的电视纪录片《希尔斯堡》（Hillsborough）中评论说，达肯菲尔德是那种"喜欢自己声音的人"。然而，非常讽刺的是，在他本该下达命令启动紧急灾难应对计划的时候，他却僵住了。

莱斯宾巷十字转门外面的人群越来越拥挤。达肯菲尔德最后命令打开C门以缓解压力。当时是下午2点52分。事情非但没有好转，反而造成了英国和平时期最大的灾难。

在之前的几年里，当球场观众爆满时，场内的中央通道会被封锁或关闭以阻止球迷使用，但这一次却没有。由于草草签约，场地布局混乱，球迷们蜂拥而入后，直奔中央通道而下。没有人去阻止他们，也没有人去告诉他们围栏处已经有太多人了，而这些信息本是可以传递给站在看台后面通道里的警察的。达肯菲尔德说，从他在塔

上的位置看不清莱斯宾巷的通道或十字转门，但他几乎可以直接看到3号和4号围栏，以及他眼前越来越严重的拥挤状况。这本应该是显而易见的情况，但对达肯菲尔德来说却并非如此，因为他认为足球比赛就是这样的：人们像沙丁鱼一样挤在一起，用他的话说，"他们会各就其位"。由于看台之间有侧栏相隔，球迷不能向两边移动，于是拥挤的程度已经变得十分危险了。

人群的喧闹声不时被不属于体育赛事的声音打断。这种声音更像是来自战场：哭泣、呻吟、尖叫、死亡的叹息，然后是一片安静。看足球比赛时，没有人是安静的。每个人都口若悬河，他们会喋喋不休地评论每一个球，或者在忙着唱歌，努力给自己的球队加油。如果在北部、南部和KOP①（Spion Kop）看台上的所有利物浦队

----

① 全英格兰大约有50个球场有使用Spion Kop作为名字的看台。但是，一百多年来，只有利物浦的安菲尔德球场的Spion Kop看台演变出特殊的意义。Spion Kop看台已经成为专指利物浦死忠球迷聚集的那个看台。

我看到许多脸贴在栅栏上，人们说："布鲁斯，你能帮我们吗？"

和诺丁汉森林队的球迷们还没有意识到有什么事情不对劲的话，下午3点开球的时候，当看到有人拼命爬过西看台的金属栅栏时，他们也很快就明白过来了。

利物浦的球员们一开始看到球迷跑到球场上的时候感到很惊慌。守门员布鲁斯·格罗贝拉尔（Bruce Grobbelaar）去接球的时候，亲眼目睹了发生的一切。"我看到许多脸贴在栅栏上，人们说：'布鲁斯，你能帮我们吗？'"当两个球迷接近利物浦队队长阿兰·汉森（Alan Hansen）时，他开始痛斥这些随意侵入比赛场地疯狂的人。"阿兰，里面有人死了。"他们告诉他。他无法相信自己所听到的。比赛在下午3点零6分终止。

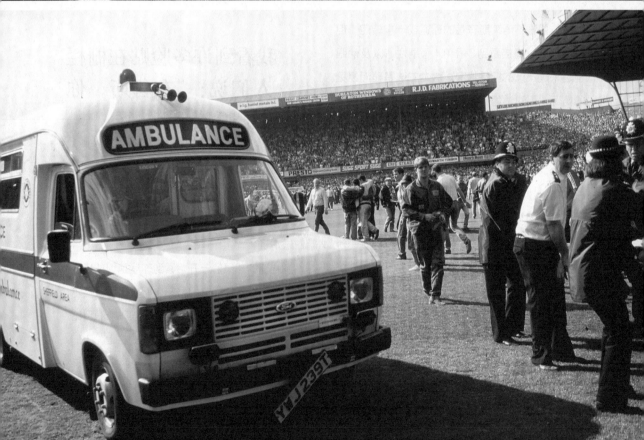

▲ 一辆救护车终于穿过人群来到了球场上

希尔斯堡体育场的警示

足球场不仅代表一个社区，而且代表一种身份。在球场看台的位置对于稳固球队和球迷的地位非常重要。"足球流氓"是粉丝圈的噩梦，大家都认为这种行为不安全，想要遏制它。

随着时间的推移，由于对基础设施的要求提升，体育场可能会有些过时，有些体育场则被认为不能满足需求。1989年的希尔斯堡就是这样一个例子。多年来，由于一些政府报告的建议，体育场已经升级了多项功能，如安装防拥挤障碍物和射线状的护栏，更换座椅、栏杆和大门，但这些地方最需要的是能够尽职尽责的警察和守在所有出口和入口的管理人员。事后才发现这些可能有点残酷，就好像希尔斯堡因为疏忽而注定会发生事故一样——它的安全证书自1979年以来就没有更新过。

尽管希尔斯堡惨案不应发生，但也不能否认这样一场重大灾难推动了时代的脚步——带来了全场馆体育场时代。然而这样的言论或想法对纪念死者毫无帮助。

1981年在希尔斯堡举行的足总杯托特纳姆热刺队与狼队踢平的那场比赛中，莱斯宾巷中央围栏处也发生了拥挤事件。在这次事件中没有人员死亡，警方让爬过高高的铁栅栏的球迷在球场的一侧和球门后面观看比赛。在1988年的利物浦对阵诺丁汉森林的足总杯半决

赛上，在1987年的谢菲尔德星期三对阵考文垂的比赛中，球场上都出现了过度拥挤的现象。然而，有关部门什么也没做，没有人注意到这些警示信号。

希尔斯堡惨案共造成96人死亡，另有数百人受伤。对于幸存者来说，身体上的伤痛逐渐消失，取而代之的是心理上的伤痛。内疚和恐惧深植于内心。夜晚的时间是最糟糕的：梦境，一遍一遍地再现那些惊恐和害怕的场面。然而，既没有时间去哀悼，也没有时间去理解所发生的事情，因为幸存者们被给予了新的终身无法摆脱的角色——他们既是灾难的受害者，也被一些人认为应该对这场灾难负责。事实上，这一切都是由于南约克郡警察的无能、管理不善和疏忽造成的。

希尔斯堡惨案带来了一系列本不该有的严重后果。家属和幸存者希望了解事情真相，但遭到拒绝。相反，南约克郡警方在媒体的帮助和怂恿下制造了一个极具说服力的谎言。同情是有限的，谎言被视为无可争辩的事实：利物浦球迷应该受到指责，他们必须接受自己负有的责任，不要再没完没了地谈论这件事了。"利物浦人杀死了利物浦人。"时任诺丁汉森林队经理布莱恩·克拉夫（Brian Clough）说。

就是这个总警司达肯菲尔德，马上开始诽谤和掩盖事实真相。在接下来的几年中，这个国家和世界将会了解到在整个事件中某些人曾经隐瞒证据，审查并修改警员的证词，删除所有对南约克郡警方高级官员的批评之词。此外，在目击者证词上签名的官员或调查团成员实际上没有参与

29

希尔斯堡球场

踩踏事件发生在莱斯宾巷的看台上，这本是利物浦队球迷的位置。2000名球迷的突然涌入导致了看台围栏处的拥堵。

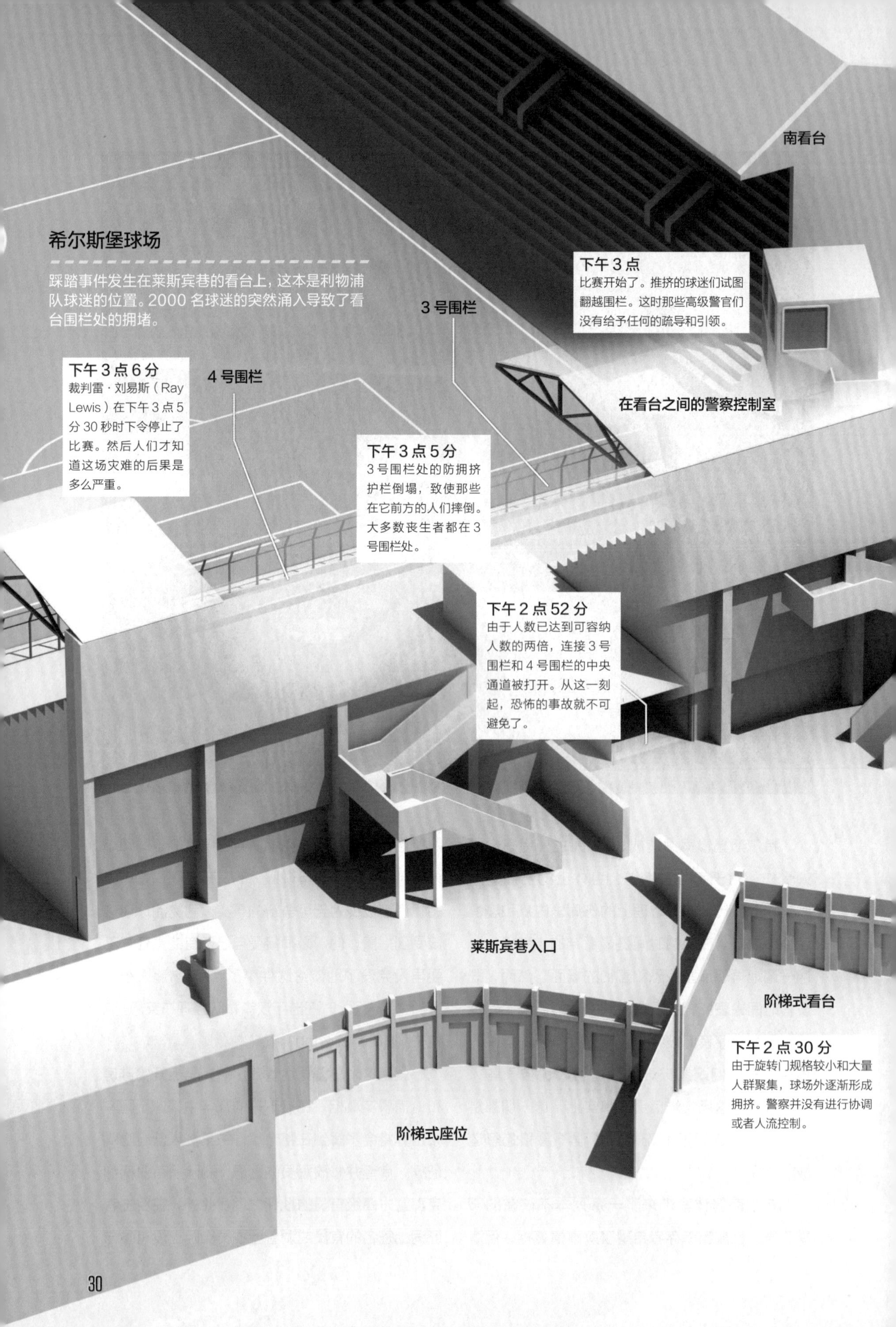

下午3点6分
裁判雷·刘易斯（Ray Lewis）在下午3点5分30秒时下令停止了比赛。然后人们才知道这场灾难的后果是多么严重。

4号围栏

3号围栏

南看台

下午3点
比赛开始了。推挤的球迷们试图翻越围栏。这时那些高级警官们没有给予任何的疏导和引领。

在看台之间的警察控制室

下午3点5分
3号围栏处的防拥挤护栏倒塌，致使那些在它前方的人们摔倒。大多数丧生者都在3号围栏处。

下午2点52分
由于人数已达到可容纳人数的两倍，连接3号围栏和4号围栏的中央通道被打开。从这一刻起，恐怖的事故就不可避免了。

莱斯宾巷入口

阶梯式看台

下午2点30分
由于旋转门规格较小和大量人群聚集，球场外逐渐形成拥挤。警察并没有进行协调或者人流控制。

阶梯式座位

下午 2 点 47 分
此时有人要求打开 C 门来缓解拥堵的状况。总指挥达肯菲尔德在 2 点 52 分发出命令。

C 门

对证人的问询。直对着栅栏处有一个摄像机，它有功能强大的变焦镜头，但据说事发时它失灵了，而且录相带也失踪了。这是腐败官员在掩盖事实。他们在面对引发灾难的失职时，非常傲慢，他们所做的就是拒不认账。他们甚至都没有说过"如果"、"但是"或"可能"这类字眼。南约克郡的警察自认为是我们的主人，"按我们说的做"就是他们的态度。

时任足总杯执行官格雷厄姆·凯利（Graham Kelly）在看到比赛暂停后进入了控制塔。他问发生了什么事，达肯菲尔德告诉他是利物浦球迷强行打开了 C 门，导致了 3 号和 4 号围栏外的混乱。

简简单单几句话，他捏造了一个后果严重的谎言，而这个谎言在多年来从未被推翻，这几句话开启并逐渐形成南约克郡警方对这个事故的回应。1985 年的海瑟尔（Heysel）惨案的阴影为南约克郡警方对利物浦球迷的所作所为找到了完美的借口，并以此掩盖真相。1985 年的欧洲杯悲剧中，利物浦的一些球迷冲进被认为是中立球迷的区域，然后一堵墙壁倒塌，造成 38 名尤文图斯球迷死亡。那一天似乎所有人的火气都很大，事故发生之前已经爆发了一些激烈的小规模冲突，最终还引发了致命的后果（这个球场在设备上也有不足）。

政府和媒体一直纠结于 20 世纪 70 年代、80 年代的足球流氓行为，并认为此风盛行。在那个时代，足球仍然被视为一种劳动人民的运动，支持者们经常被认为是流氓。现实情况其实不然。

"希尔斯堡惨案是由醉醺醺的无票球迷引起的。"这句话被当局一次又一次地重复着，并逐渐深入人心。有证据表明一些球迷知道事

希尔斯堡惨案后发生了一系列令人厌恶的事件。

事实

54000
观看比赛的球迷人数

1122
当值警察的人数

10
最小的受害者容 - 保罗·吉尔胡利（Jon-Paul Gilhooley）的年龄

38
19 岁以下死者的人数

766
受轻伤人数

89
男性死者人数

7
女性死者人数

莱斯宾巷看台可容纳人数
10100

情的真相。英国广播公司的一台摄像机拍下了一群人对着摄像机挥舞他们的球票。然而他们的抗议是徒劳的。达肯菲尔德的谎言迅速传播到媒体上，英国广播公司的报道也重复了这一说法："在球场尽头的莱斯宾巷，一扇门被砸开了，没有买票的人得以涌入。"在凯利接受媒体采访时，他解释说他听到了"两个版本"：一种是破门而入（达肯菲尔德的谎言），另一种是上面的人下令打开门（真相）。

南约克郡警方迅速行动，将他们对事件的描述通过电波传到每一户家庭，并把它们搬上报纸。谢菲尔德的怀特通讯社（Sheffield's White）编了一系列关于醉醺醺的、没有门票的球迷的虚假报道，声称事故发生后有人翻查死者的口袋，有人对着试图营救求助者的警察撒尿，等等。"可靠的"消息来源之一是谢菲尔德哈勒姆的议员欧文·帕特尼克。他在希尔斯堡临时停尸房前告诉警察："我和很多警察谈过话，他们告诉我，他们被利物浦球迷牵制、骚扰、拳打脚踢、撒尿。"这位议员还表示："他们没有理由撒谎……毫无疑问，我认为这是真的。"某个自以为是的臆测成为《太阳报》头版头条的消息来源，可以说这是英国新闻史上最具争议的报道。受此鼓舞，编辑凯文·麦肯齐坐在办公室里幻想着"真相"。员工们感到不安，其他人则感到厌恶，但是他们的老板坚持认为这则新闻必须在第二天早晨见报。

虽然《太阳报》不知情，但它还是扮演了南约克郡警方公关的角色。谢菲尔德本地报纸《星报》（The Star）在当天下午和一段时间后，提供了或许是唯一一份来自事发地的真实报道。在报道此次悲剧的周日特刊中，它强调了是达肯菲尔德做出了打开C门的决定，称这是"疯狂的一刻"。负责第一次调查的大法官泰勒（Taylor）对南约克郡警方做出了严厉的裁决，但却得出了错误的结论。达肯菲尔德公然捏造的谎言被一场抹黑运动掩盖了，这场抹黑运动让偏见和舆论肆意践踏事实。幸存者被当作犯罪嫌疑人一样对待。南约克郡警方无耻地滥用职权，他们通过调取电脑使用记录来查阅受害者的背景。他们要看看有什么东西可以用来诋毁死者或帮助警队免受可能遭到的指责。酒精与希尔斯堡惨案无关，但验尸官卡尔·波普尔医生决定对所有受害者（包括儿童）的血糖水平进行检测，进一步为那些抹黑火上浇油。后来在2012年进行的调查中发现，波普尔的行为既没有理论支撑，也没有先例。能解释这一行为的只有偏见，一种针对利物浦城的阶级偏见——尽管希尔斯堡惨案是一个全国性的悲剧，但它针对的是中产阶级和工人阶级——警察们知道自己有过错，但却不愿意接受是自己造

▶ 玛格丽特·撒切尔首相
和她的助手们与南约克郡警
察在希尔斯堡

成了这场灾难并应对此负责的事实。

的确，球迷们一直在喝酒。足球是一项社会活动。只有在狂热的20世纪80年代"足球流氓"的世界里，比赛前喝啤酒才会被视为有问题。"你喝了多少？"变成了警察调查取证的内容之一，这表明调查当局对一个国家的娱乐形式和文化缺乏应有的了解。

如果被询问的人是死者的亲属，那么他们该如何回答？"他们到底要喝多少"才能让警察满意？那天可能有几个人喝醉了，但没有人——无

创造自怜之城

长期以来，抹黑运动和警察腐败能够如此成功的原因是受害者被安上了自艾自怜的形象。几十年来，这个曾经繁荣的世界港口一直在衰败中。人们普遍认为，在某种程度上，对于这座城市里的人来说，他们就是自己最大的敌人。撒切尔主义时期激进的左翼分子加之极高的失业率，使大众对这座城市产生了敌意和鄙视。"利物浦人活该，都怪他们自己。"这样的论调都算是客气委婉的。

媒体专栏和内幕新闻报道在形成这种观念方面发挥了重要作用，不仅在右翼报纸上，在《卫报》（The Guardian）和《观察家报》（Observer）等更传统的左派大报上也是如此，没有同情和理解。似乎利物浦以外的地方都开始挤兑利物浦，并用家长制的口吻告诉利物浦人振作起来，别再抱怨他们的命运。因为不愿接受指责，希尔斯堡一直被拿来与海瑟尔的悲剧相比。1993年，当詹姆斯·巴尔杰（James Bulger）失踪时，这座城市再次登上了新闻头条。这是再次捅刀的机会，舆论再次指控并谴责他们眼中令人伤情的——一个在经济冲突和苦难时期生活在一起、共同遭受苦难的群体。1993年，《星期日泰晤士报》（Sunday Times）的乔纳森·马戈利斯（Jonathan Margolis）撰写了一篇题为《自怜之城》（Self-Pity City）的文章，毫无顾忌地评论说："不管怎么说，利物浦文化似乎是在失败主义和令人生厌的沮丧情绪中蓬勃发展起来的。"这样的例子有很多：所有人都更倾向于落井下石。他们都毫不怀疑地参与到一场政府掩盖真相的行动当中，因为他们拒绝相信利物浦人告诉他们的话：希尔斯堡惨案实际上是那些应尽到看护责任的人造成的灾难。

论是球迷还是警察——看到任何不寻常的事情，也没有发生警察认为值得为之去拉扯任何人的事情。在足球比赛中喝醉了并不会使你成为罪犯，除非你的行为构成犯罪。那天并没有人表现得像个罪犯。但这个想法似乎和"事实"不符："事实"是一群没有门票的酗酒暴民用暴力互相推搡以致倒地。从当天拍摄的照片中可以看到，在十字转门旁到处堆放的垃圾桶里确实有被没收的饮品，但它们主要是软饮料——很多可口可乐和其他含糖饮料，其中只有一个啤酒罐。

希尔斯堡惨案是英格兰足总杯半决赛的悲剧。它使我们质疑原来我们所相信的——那些当权者会在意我们的幸福。这些人应该为他们的所作所为受到惩罚。

突然之间，我们所珍视的法治和惩戒变得模糊不清，并被重新塑造以适应新的故事或观念。全盘推诿之词竟然变成铁一般的、无可辩驳的事实。希尔斯堡的故事就是一个典型的例子，那些管事的人把事情弄得一团糟，然后拒绝承担责任，直到几十年后罪行才被揭露出来。"你永远不会独行"这首歌是谢菲尔德的赛前传统，而且它的歌词对希尔斯堡事件之后的时代有着强烈的象征作用。"当你走过暴风雨时，要高昂起你的头，不要害怕黑暗"。

这条法律格言——"即使天塌下来，也要让正义得到伸张"——最后成为一种对南约克郡警方、西米德兰兹郡警方调查小组和内政部的讽刺。南约克郡警方尽其所能逃避责任，并坚持他们关于"喝醉"的球迷和足球流氓行为的故事，并以此再次玷污死者。这种前一分钟还知道自己有错，下一分钟又在重复过去的谎言的行为，在今天看来实在令人震惊。英国公众很难接受那些说当权者试图操纵和掩盖他们错误的说法。

受害者家属、幸存者和社会活动人士都被冷漠和蔑视地对待，这让人透不过气来。只不过，希尔斯堡的活动人士绝不会闭嘴。他们想要真相，而且无论如何都要得到。

最终，27年过去了，从2014年到2016年，在柴郡的沃林顿进行了一次新的调查，彻底证明了球迷们的清白，并确认南约克郡警方应对这场灾难负责。陪审团对南约克郡警察应负责任的14个关键问题回答了"是"。是他们没有尽职尽责，是他们的失职导致了96人死亡，是他们的"重大疏忽"导致了这些人的死亡。现在，全世界都知道了最终的真相。"最终的真相"这个标题几年前曾经在《太阳报》中反复出现，大肆报道，真是讽刺。

尽管在审讯后球迷们都洗脱了罪名，但希尔斯堡惨案并没有被遗忘。受害者家属开始了一场追责的运动。2017年6月，6人被指控犯有各种罪行，包括过失杀人、公职人员行为不当和妨碍司法公正。美国作家福克纳（William Faulkner）曾写道："过去永远不会消逝，它甚至还没有成为过去。"希尔斯堡惨案证明了这一点。

南约克郡警方通过调取电脑使用记录来审查受害者的背景。

▲ 遇难者家属在庆祝一致裁决——并非利物浦球迷造成了这场灾难

概况

■ 死亡人数: 1836 人
■ 美国东部
■ 2005 年 8 月 23 日

卡特里娜飓风在墨西哥湾沿岸造成了大范围的破坏，并使新奥尔良大部分地区沉入水下，夺去了许多人的生命和家园，成千上万人流离失所。

卡特里娜
飓风

　　卡特里娜飓风（Hurricane Katrina）造成了 1800 多人死亡，成为美国历史上代价最大的自然灾害之一，但它也给传统的新闻报道带来了新的生机。

　　他们绝望地恳求帮助——不是为了他们自己，而是为了他们的亲人和朋友。他们一个接一个地写出亲人朋友的信息。"我妈妈被困在家里。"一人写道，"马塞尔85岁，他卧病在床，急需救助。"另一个人写道："镇里的人都在试图把消息传出去，这里没有得到援助，人们就要死了。"

　　事态就这样持续发展下去。每天都有几十条这样的信息，每一条都是一个人所经历的令人痛苦的故事，它们描述了一个可怕的情境，然而——就像一本书的最后一页被无情地撕掉了一样——没有任何迹象显示这个故事可能会有幸福的结局或任何形式的解决办法。但是，此时这些人生活在一个混乱和灾难已然降临的城市里，能够得到他们的消息本身就是一种安慰。

　　这是 2005 年的新奥尔良。这座城市正遭受着袭士美国海岸的严重自然灾害，并见证了因此带来的所有恐怖和心痛。习惯了打开电视机或在门垫上看到报纸的人，突然间不得不寻找不同的渠道来获取信息，这些信息事关生死。

广播和网络突然间证明了它们自身的价值，此时将成为媒体报道的新篇章；这是一个分水岭，在此期间，大量普通民众转向互联网，不仅为了阅读新闻，也为了自己报道见闻。

乔恩·唐利（Jon Donley）是《新奥尔良时代花絮报》（New Orleans Times-Picayune）的网站"诺拉"（NOLA）的编辑。《新奥尔良时代花絮报》起源于1837年的路易斯安那州社区。当卡特里娜飓风肆虐美国东部大部分地区时，唐利和其他所有报社的记者已经做好准备来报道与飓风相关的新闻和故事。唐利那时还不知道他就职的网站会变得如此重要。

2005年8月23日下午5点，位于佛罗里达州迈阿密的美国国家飓风中心发布了第一次预警。不久之后，人们第一次发现了有可能引起问题的一股风。值得注意的是，在迈阿密以东约350英里的巴哈马群岛上空，一股热带海浪和10号热带低气压的残余部分之间产生了一种相互作用，这种相互作用逐渐升级并在第二天达到可以被称为热带风暴的程度。到了8月25日下午5点，人们对它越来越感到恐慌。很明显，这是一个一级飓风，当风速达到每小时75英里的时候，它登陆了，吹倒了树木，造成两人死亡。卡特里娜在它的行走路径上持续推进，在热带风暴和飓风之间摇摆，风力时而减弱时而增强。到8月26日上午，风速已达每小时100英里。

那天，布伦丹·洛伊（Brendan Loy）坐在印第安纳州家里的沙发上，身边只有一台笔记本电脑和一个电视机遥控器。他是一个气象爱好者和博主，在自己的网站上分享了他的想法，此时

他发现了一些令人担忧的事情。"冒着危言耸听的风险，"他指出，"我们距离一场史无前例的大灾难可能只有3天到4天的时间，这场灾难可能会在新奥尔良造成多达10万人的死亡。如果我在新奥尔良的话，我会认真地考虑现在就赶快逃离这个鬼地方，以防万一。"

他的"危言耸听"是对的。接下来的两天里，卡特里娜飓风开始肆虐。风速开始达到每小时175英里。国家飓风中心已经建议新奥尔良的人们做好最坏的打算。市长雷·纳金（Ray Nagin）不愿冒任何风险，下令进行该市有史以来第一次强制疏散。在一次会议上，他告诉居民们："我希望我有更好的消息。但这次飓风灾害非常严重。这将是一起前所未有的事件。"这些预测令人惶恐。

关键问题是新奥尔良位于海平面以下，路易斯安那州州长凯瑟琳·布兰科（Kathleen Blanco）表示，洪水可能会吞没这座城市，一些地方的水位会达到20英尺。原本保护新奥尔良的大堤将无法提供足够的保护使其免受密西西比河和庞恰特雷恩湖水位上涨而带来的影响。人们必须离开，但并不是所有人都离开了。市、州和联邦官员，以及教区监狱的囚犯、游客、医院病人和媒体被允许留下。与此同时，那些因太穷而无法逃离的人被告知，他们可以在这座城市的超级穹顶体育馆里避难。一切似乎都很顺利。

为了写出一个有滋有味的故事，唐利和花絮报的记者们摩拳擦掌，全力以赴，开始工作。8月29日的《新奥尔良时代花絮报》头版报道了新奥尔良是如何为"大灾难的噩梦"做准备的，这篇报道读起来并不令人感到轻松。特约撰稿人格温·菲洛萨（Gwen Filosa）在报道中写了人们在所谓的"最后手段"中所面临的严峻形势。她描述了无家可归的人睡在外面的人行道

事 实

1836
据报道死于卡特里娜飓风的人数

53
堤坝系统决口次数

80%
淹在水下的市区及邻近地区面积占比

1080 亿美元
财产损失总金额

175 英里 / 小时
卡特里娜飓风的最强风速

上，人们在超级穹顶体育馆内排起长队，紧紧地搂着床上用品、玩具和其他必需品——他们希望只需要在这里住几个晚上，他们再也不想多待了。这份报纸还报道了人们对未来几周甚至几个月没有电或电话服务的担忧。据估计，这座城市当时状况良好的建筑中，至少有一半会有屋顶和墙壁的损坏。但这只是故事的一部分。第二天，报纸头版报道了星期一发生的事情。大标题为"灾难性的"，下面是其他文章的小标题，"洪水淹没了两个社区"和"强风暴过后，水位上涨"。卡特里娜飓风到来了。

8月29日，新奥尔良成为受灾最严重的地区。飓风带着某种力量袭击了墨西哥湾沿岸，对密西西比河和阿拉巴马海岸造成了破坏，房屋被吹得粉碎，汽车被卷入空中，电线和电缆也被刮断，一切正如当局所担心的那样。飓风还给新奥尔良80%的地区带来了洪水。这座城市在应对灾情方面有些力不从心。

避难所在极端恶劣的条件下也开始不堪重负。当灾区的人们等待援助时，情势开始变坏。食物和水开始供不应求，大量的人挤在温度极高的体育馆里，这里的卫生条件很差，严重影响了人们的身体健康。人们迫切需要最新的救援信息和找到失踪者的办法。意识到问题的严重程度后，当地的记者们火速行动，直击目标，他们想方设法持续地进行报道。但他们并不是唯一站出来报道事件的人。博客（blog）的博主们也在设法进行报道。

▲ 卡特里娜飓风是美国自 1928 年的奥基乔比飓风以来最致命的飓风

洛伊的博客里不断更新他的见闻和他个人的生活。"早上我有一个工作面试，还得上课，所以我担心我无法像过去3天那样火速更新博客。"他写道。但社会责任感让他仅仅3个小时后就回到博客。洛伊在他的博客上放了许多受灾现场的照片的链接。还加入了其他博客的链接。这些博客有的是他朋友写的，有的是通过博客联系上他的陌生人写的。他不是唯一一个这样做的人。许多当地的博主使用"新奥尔良大都会博客网站"来报道疏散情况和他们遇到的困难。凯·特拉梅尔是路易斯安那州州立大学大众传播学的助理教授，她自己做了一些简短的记载。一些自己带有流媒体视频报道的博客变得流行起来。

密西西比大学新闻学助理教授辛西娅·乔伊斯说："博客在当时是最完美的报道工具。在卡特里娜飓风的案例中，博客为许多流离失所者提供了一个真正意义上的'家'。在那个时候，拥有一个有永久网址的在线中心是很让人安心的，尤其是当你真正的家被摧毁或无法返回的时候。"

这并不是说专业媒体不努力工作。8月29日晚上8点刚过，《时代花絮报》就遇到了问题，导致第二天的报纸无法印刷和发行。洪水不仅毁坏了印刷机，也毁坏了销售印刷机的商店，所以报社的工作人员只能躲在一个飓风掩体——一个没有窗户的摄影室里讨论替代方案。谢天谢地，他们所有的电力和宽带都还完好无损，网络能够

为什么堤坝没有作用？

新奥尔良的大部分地区低于海平面，而且被密西西比河、庞恰特雷恩湖和墨西哥湾环抱其中。这座城市非常依赖一个巨大的堤坝系统来阻止如卡特里娜飓风这样的风暴所造成的大型决堤。但是防洪堤失效了——在飓风到来的最初24小时内就决堤了28次。美国陆军工程兵部队表示，造成这种情况的主要原因有两个：一是联邦工程兵部门没有考虑到暴雨水位会超过他们预计的高度；二是他们也没有预料到，防洪堤的强度可能不足以抵消洪水那惊人的威力。洪水就这样流进了这个像盘子一样的城市，无处可去。

这并不太令人吃惊。美国陆军工程兵部队曾在20世纪80年代测试过这些堤坝的设计。结果发现，如果庞恰特雷恩湖一侧的高水位压力过大，这些堤坝就会崩塌。他们是对的。但还有其他问题：堤坝的设计和建造都很糟糕；它们并没有相互连接来抵御高强度的冲击，而且其中一些堤坝之所以会倒塌，是因为它们被建在容易被洪水侵蚀的土地上。

保证新闻报道的发布。

许多人已经开始上网。《时代花絮报》的记者们为了满足读者的需求，很敬业，甚至睡在办公室里。网站"诺拉"很快成为在网上了解飓风最新消息的主要途径。许多记者，不管他们的专长是什么，都跑到城市和郊区去记录现场和采集个人故事，同时尽可能进行即时性报道。《时代花絮报》的记者们和博主们都比官方媒体更有优势：他们更熟悉本地情况，与当地人有更多的接

触和联系。

乔伊斯说："在卡特里娜飓风之前，新奥尔良的反常现象以及整个墨西哥湾沿岸的反常现象，都没有引起全国媒体的关注。"2005年，距离新奥尔良最近的广播局在亚特兰大，距新奥尔良有5个小时的车程。救援人员很快地动员起来，专业媒体提供每天24小时、每周7天的广播——其中一些是重要的报道，这部分报道后来让一些新闻人获了奖，但这些报道中很少有立即

在卡特里娜飓风的案例中，博客为许多流离失所者提供了一个真正意义上的"家"。

▲ 市民不得不采取紧急措施保护财产，节省物资、食品及饮用水

对受害者和被疏散者有用的信息。因此，博客涌现了出来，涉及各个街区，为等待救援的人提供了更实用的关键信息。"

在此期间，唐利也做了一个重要的决定。他不再在"诺拉"上写他的"诺拉观察"博客，而是让"诺拉"成为其他博客的公告栏。读者蜂拥而至，呼吁帮助寻找失踪者。同时，救援人员也在随时查询博客上发布的情况，其中有能够拯救生命的重要信息。这个博客的浏览量从8月28日的1000万次迅速增长到第二天的1700万次，到周末时日浏览量已高达3000万次。报社的工作人员不得不在8月30日撤离灾区，但他们还在继续报道新闻：报纸只是简单地被制成PDF格式，并在网上发布。

确实有很多值得写的东西。截至周五，路易斯安那州、密西西比州、阿拉巴马州和佛罗里达州已经宣布进入公共卫生紧急状态。超级穹顶体育馆和新奥尔良会议中心的食物几乎快吃光了。而事实证明，这确实是一个令人绝望的时刻。在这个过程中，网站变得更加重要。网站的论坛沸腾了，提供的援助如潮水般涌来。这种情况持续了好几周。

网站和博客并不是唯一可用的渠道。成千上万的人也开始使用收音机获取信息，特别是一个叫"WWL"的电台。风暴刚过，只有几个广播台还在广播。新闻主播、调查记者加兰·罗比内特在一个临时广播间进行播报。这个临时广播间是在电台的办公室里用柜子搭建而成的。听众

错误的受害者？

美国有线电视新闻网的沃尔夫·布利策（Wolf Blitzer）有着漫长而又辉煌的职业生涯，但在卡特里娜飓风造成破坏后，他发表了一段颇有争议的言论："我们看到的这些人中，几乎所有人都非常贫穷，而且他们都是黑人……这将给正在关注这一事件的人们提出很多问题。"

与卡特里娜飓风有关的种族问题是一个敏感问题。自灾难发生以来，这个问题已经被多次提起。人们普遍认为，卡特里娜飓风带来的更大灾难来自严重的管理不善，是明显的无能和失败。但也有人认为，种族问题可能在其中也起到了一定的作用。

许多人无法离开新奥尔良，那些承受了飓风袭击的人说，他们没有撤离的能力。他们被告知要在指定的建筑物内寻求庇护，但当局似乎缺乏领导能力，未能迅速采取有效的救援行动，且对等待救援的人数估计不足。这令人生出一种错觉——在缺乏供给的情况下，有些人可能会被留下来自生自灭。这导致越来越多的人认为美国对黑人的生活漠不关心。如果灾难发生在不同的地区，那里的种族构成与此地不同，那么救灾行动就会快得多。灾难发生后的民意调查显示，60%的黑人认为

种族是救灾迟缓的原因之一，而只有12%的白人有同样的看法。许多评论人士（以白人为主）表示，居民们根本没有注意到这些警告——这几乎是在指责他们自作自受。无论如何，时任美国总统布什当因对新奥尔良的灾难性事件反应不够迅速而受到严厉批评。他承认政府的应急能力存在"严重问题"。

卡特里娜飓风在此后的十多年里给美国留下了难以磨灭的印记。

们仔细聆听罗比内特说的每一个字，了解疏散计划，掌握哪些社区受到了最严重的影响。这个电台提供了所有他们需要的信息，让他们知道什么时候会有援助到达，以及由于卡特里娜飓风已经夷平了大量的房屋，短期内会发生什么情况。然而，当局并没有尽其所能地处理好这场灾难带来的破坏，没有采取任何措施来帮助他们，这让人们感到越来越愤怒。

9月2日，这种挫败感终于爆发了，这种情况通过"WWL"电台传播出去。罗比内特问市长纳金他需要什么。"我需要增援，我需要军队，我需要500辆公共汽车。"市长毫不犹豫地回答。这次坦率的采访被成千上万人听到，其中许多人是通过应急背包里的电池收音机听到的。形势的紧迫性显而易见。

在谈到让公共校车司机来帮助疏散一事时，纳金表达了愤怒："你在开玩笑吧？这是一场全国性的灾难！集合全国所有的灰狗巴士，让它们都滚到新奥尔良来！"他对时任美国总统布什说："我们每耽搁一天，就会有人死去，而且我敢打赌，会有数以百计的人死去。"

"WWL"电台的滚动新闻报道在其他电台同时播出，尽可能让更多的人收听到。报道敦促人们离开这座城市。令人鼓舞的是政府决定给电台提供物资支持，这使得"WWL"电台在断电期间也能够保持正常广播。到了星期一，"WWL"电台是唯一一个还在直播的电台。为了让尽可能多的人听到它的报道，不同的广播组聚集在一起组成"新奥尔良联合广播电台"，同时播出"WWL"电台的节目。据估计，有15个电台整合了他们的编导和设备资源，并设立了一个免费热线，让人们分享他们的目击报告。热线里的受困者试图联系上其他人，当周围的水位上升时，他们十分恐惧。一个又一个人打进电话，每个人的讲述都难以置信的相似。毫无疑问，人们需要有人倾听他们的遭遇。这让人产生一种责任感，

纳金给布什带来了一个消息：我们每耽搁一天，就会有人死去，而且会有数以百计的人死去。

去报道正在发生的一切。

"WWL"电台的母公司恩特康通信（Entercom Communications）的总裁兼首席执行官戴维·J.菲尔德（David J.Field）表示："新奥尔良人现在比以往任何时候都更依赖广播来保持信息和联系。""我们'WWL'电台的工作人员在整个风暴期间为社区提供了重要的新闻和信息。"他是对的。

新闻机构和博主们不仅为自己的网站，也为报纸和电视频道提供文字、图像和视频，他们的努力对重要信息渠道保持畅通起到了重要作用。在肯塔基州、阿拉巴马州、乔治亚州、俄亥俄州、佛罗里达州、密西西比州、路易斯安那州和其他受卡特里娜飓风影响的地区，情况也是如此。"诺拉"获得了普利策突发新闻奖，并与总部位于比洛克西的《太阳先驱报》分享了公共服务平台。这也显示出，"草根"报道可以对救灾工作产生巨大的影响。

当然，风暴平息后，问题并没有停止。主要的救济工作开始，修理和重建都需要进行。这场灾难对经济和环境造成的影响都是巨大的。社会秩序混乱，这需要征召数千名国民警卫和联邦军人来维持秩序。人们仍然在批评政府救灾行动迟缓。唯一值得赞扬的是那些不知疲倦的当地媒体和博主们。他们在最混乱的情况下帮助人们了解实时情况。如果没有他们，难以想象情况会有多么糟糕。

维苏威火山摧毁庞贝城

这座城市曾经是罗马人文化生活的中心，但它遭受了地球上一次极为严重的自然灾害。这是一个关于庞贝城是如何戏剧性毁灭的故事。

他周围的黑暗比任何夜晚都更暗沉、更浓重。黑暗像毯子一样笼罩着这里，遮蔽了视线，阻隔了空中传来的声响。他为了人民的利益、为了庞贝的利益而斗争。尽管他对庞波尼亚努斯和其他人表现出了勇气，但他知道他不能再忍受下去了。大海是他逃离这个充满灰尘和死亡的荒凉之地的唯一途径，但灾难仍然狂暴且危险，无情地让他止步于海岸线旁。火烧得更旺了，落下的石头更重了，他的体力开始衰退。当他闭上眼睛时，他仍然可以看到火焰。

在公元79年维苏威火山爆发之前，庞贝一直是一个重要而又繁荣的居住地。它最初由意大利中部的奥斯坎人在公元前6世纪左右建立，很快成为一个重要的经济和文化中心。它位于库迈、诺拉和斯塔比亚之间，是人类活动的中心。这里还开

概况

- 死亡人数：约2000人
- 庞贝古城，意大利
- 公元79年

公元79年，维苏威火山的爆发摧毁了一座城市，杀死了它的居民，并把它埋在火山灰下几个世纪之久。之后考古遗址揭示了大量的信息。

发了一个巨大繁华的港口，船只如要到达整个那不勒斯湾或者更远的地方，都要通过这里，使用这个港口的服务。庞贝在经济和文化上是罗马生活的中心，它先帮助形成了前罗马文化，然后又促进了罗马社会的发展，这些在今天的遗迹中仍然能得以窥见。

庞贝最为人所知的是它如何悲壮地走向灭亡，但在消失之前，它一直是一个富有文化和充满生活气息的城市。在今天，庞贝城真实的面貌还没有被完整地还原，人们仍然在探索。

由于来自世界各地的学者和考古学家的辛勤工作，我们得以对这座城市当时的生活状况有了大致了解。庞贝几乎拥有一个罗马人希望从一个重要定居点得到的一切——市场、酒吧、寺庙、剧院、公园、澡堂、游泳池、赛马场、葡萄园、行政大楼、铁匠铺、餐馆、图书馆、学校、军械库、别墅等，应有尽有。通过挖掘工作，我们知道这座城市里大约有200间酒吧，出土了3间大型的澡堂，在市场大厅和其他建筑物中也发现了大量的铭文，这些铭文告诉我们这些建筑物里有什么东西在出售、什么东西用于购买或交换。庞贝是一座充满活力、热闹非凡的城市。

城市周围的农村地区也充满了生机和活力。火山爆发前这里的土地肥沃得令人难以置信，无数的农场生产了大量的农产品，如大麦、小麦、橄榄等。许多庞贝人住在位于萨尔诺河河口极其繁荣的港口旁。当时，庞贝是一个人口稠密的地方，有10000人至12000人居住在这里。庞贝城里住着各个社会阶层的人——有钱的贵族，普通的男人和女人，商人，劳动者或工匠，能去上学的或是与成年人一起劳作的孩子们，当然还有当时罗马社会的主力军——奴隶。

一些非常富有的罗马社会成员住在庞贝城。考古学家在城墙内发现了一些非常壮观的住宅

▼ 当庞贝人的尸体开始腐烂时，火山灰使他们的体态保持完好。图中模型是用石膏浇注制成的

遗迹。在当时，这些住宅还拥有令人惊叹的海景和无与伦比的花园、庭院和餐厅。其中一处名为"农牧神之家"（House of the Faun）的著名住宅占地3/4英亩①，而其他一些地方仍然保留着令人惊叹的马赛克，上面镶嵌着成千上万块石头，或是雕刻着描绘男人、女人和神灵的复杂雕像。

尽管存在争议，最具启发性的还是关于庞贝贫民或普通人生活的挖掘发现。通过仔细研究庞贝的公共浴室，考古学家获得了更多的信息去理解数以百计的陶灯是如何照明的。通过研究城市大街——如阿波坦查大道上的许多小商店，考古学家了解了罗马人晚上是如何用百叶窗来隔绝外界喧扰的。

庞贝最为人所知的是它如何悲壮地走向灭亡，但在其消失之前，它一直是一个富有文化和充满生活气息的城市。

庞贝人充满活力的日常生活也在一些从城市遗址中发掘出来的物品中得以窥见。在一大片居民区中出土了一个著名的牌子，上面刻着"CAVE CANEM"，这些文字被译成"小心这条狗"。而在酒吧里发现的一系列图片展示了曾经的老顾客常玩的骰子游戏。华丽的镜子和梳子显示出庞贝一些富裕的居民对自己外表的重视，而有关人物、服饰和文化的记录也表明庞贝比一个典型的罗马城市更具有文化多元性。

发掘庞贝城这座曾经伫立在阳光下、真实

---
① 1英亩约为4046.86平方米。

存在过的城市，是一项富有挑战的工作，直到现在仍然推动着这一领域的考古学和学术研究的发展。多亏了著名的罗马律师和作家小普林尼的详细记录，我们有了关于庞贝陷落的详细记述，也了解到他的舅父老普林尼是如何决然奔赴灾区，试图帮助该地区的公民逃离的故事。正是有了这些记录，我们才能想象他最后的几个小时可能做过什么。

老普林尼是罗马帝国一位受人尊敬的军事指挥官，也是一位令人敬畏的自然科学家。当他从庞贝出发，穿过海湾，在米塞纳姆军港监管海军舰队时，他收到了一封信。在信中，老普林尼的朋友雷克蒂娜告诉他，火山爆发使平原上的人们无法逃离，并请求作为海军舰队长官的他立即前来拯救他们。

作为实干家和社会公仆的老普林尼命令舰队的战舰立即准备下水。他自己对雷克蒂娜在信中描述的情况的严重性表示怀疑，但他认为无论如何都必须采取行动。然而，他的手下觉得不该向火山方向行进。一些人说这是一次自杀式的任务；而另一些人则害怕火山爆发是由于神灵的愤怒，这是任何人都无法面对的。老普林尼很快就打消了这些顾虑，并提醒士兵们，他们有社会责任来保护这个地区的人，他命令他们火速行动。

舰队迅速启航，向海湾驶去。当老普林尼从主卫舰的船头往外看时，他所能看到的只是这个地区被火山喷发出来的巨大云状物所笼罩。值得注意的另一个细节是，海上的其他船只都朝着相反的方向航行。海湾的海水波涛汹涌，但绝不是无法航行。老普林尼在仔细观察了被穷人区和富人区包围的海岸线后，认为不久就能在斯塔比亚顺利登陆。老普林尼和他的舰队很快抵达港口，在落下的火山灰和岩石中，他拥抱了前来迎接他的朋友庞波尼亚努斯。在老普林尼看来，庞波尼亚努斯似乎真的吓坏了。庞波尼亚努斯告诉他，在过去的几个小时里，一连串的地震、火山爆发和坠落的碎片雨一直困扰着这座城市的居民，此外还有许多房屋已经被毁。据他说，那座火山已经毁坏了很多东西，他告诉老普林尼，他担心他的家人会成为下一个受害者；他们的房子会倒塌，把他们都压在下面。

进入斯塔比亚，老普林尼奔赴庞波尼亚努斯的住所，营救行动开始了。

老普林尼和他的部下迅速行动起来，帮助那些自家房屋倒塌的人，那些被倒塌的砖石建筑困住的人，或者那些与家人失散的人。他们帮助人们在混乱中找到方向，并多次阻止了抢劫的发生，然而大街上的一些商店已经被抢。老普林尼打算先稳定斯塔比亚，然后前往庞贝和赫库兰尼姆等其他城镇，帮助那些需要帮助的人，并在艰难的条件下维持法律和秩序。

第二天一大早，老普林尼就在一片混乱中醒来。整座房子的人彻夜未眠，只有老普林尼睡了一觉。他很快意识到，岩石掉落的频率急剧加快，而他房间外的庭院里几乎全是岩石和碎片。事实上，如果不是有人来叫醒老普林尼，那么他可能就无法逃出自己的房间了。当老普林尼穿过院子向其他人问好时，整个房子突然发生了巨大

▲ 庞贝的大部分第二层建筑在火山爆发时被摧毁了

的震动，墙壁剧烈地摇晃着，天花板的碎片掉到了地上。

老普林尼断定，由于事态越发严峻，在陆地上的救助不可能取得任何进展了。人们发现他们眼前只有两条路可走，要么出去被外面如雨点般落下的石头击中，要么留在屋内被里面掉落的砖石砸中。权衡两者，这群人决定留在室内。

由于庞波尼亚努斯和他的同伴们拒绝离开官邸，老普林尼意识到，他和部下们必须把他们都转移到安全的地方。他们自己也必须迅速行动，因为老普林尼看到，火山的愤怒非但没有消退，

末日倒计时

公元 79 年 8 月 24 日

在超过 24 小时的时间里，维苏威火山给庞贝带来了巨大灾难，整座城市被火焰和灰烬吞没。

8点

在坎帕尼亚，由于地震的频繁发生，持续了一个多星期的地面震动被忽视了。之后，发生了一夜极度剧烈的震动，并在早上 8 点达到顶峰。许多家庭用品和家具被掀翻。

下午1点

在经历了一个异常平静的早晨后，维苏威火山以惊人的力量喷发了，喷出的火山物质形成的云团在山的四周扩散开来，并上升到 14 千米高的天空中。它开始在城市上空积聚火山灰。

下午3点

火山持续喷发出火山物质。当它在地球的大气层中冷却时，就会凝固，变成火山砾，硬化的熔岩像雨点般降落在庞贝城。大多数人逃离了这座城市；一些人，包括老人和孕妇，仍然留在了这里。

下午4点

由于火山喷发规模大、强度高，萨尔诺河和附近的港口开始被碎片堵塞。船只被困，其他船只无法入港。冲击波使这座城市摇晃起来，导致一些建筑物倒塌。

下午6点

大块浮石（一种火山岩）从遮住太阳的火山云中落下。庞贝的街道被浮石、火山砾和火山灰掩埋，建筑物在重压下被摧毁。

甚至还在加剧，且仍没有达到顶点。老普林尼召集了他最勇敢的部下，向海岸进发。

行进时，他们要躲避坠落的岩石，他们举着燃烧的火把和灯盏照亮道路，即使在早上，由于山上的云状物遮挡了阳光，到处仍然是一片阴暗。老普林尼决定，一旦有开拔的条件，他会带上所有人员立即离开。

热度和湿度持续增加。根据老普林尼的理解，山上的云状物似乎吸收了所有散发出来的热量和气体，再加上挥之不去的黑暗和片片火光，形成了一种闷热、幽闭、恐怖的气氛。就在这时，老普林尼感到自己的喉咙肿起来了——这是他从年轻时就有的老毛病——他很快发现自己比平时更快地感到了窒息。

当老普林尼终于到达海岸时，他的情绪低落了——虽然风不像之前那么猛烈了，但出港仍然是逆风而行，海浪凶猛得令人难以置信。他突然感到头晕目眩，便叫来几个跟他一起来的人，要他们给自己铺一条毯子，以便坐下喘口气。他还再三要求给他送些冷水来。他坐在岸边凝视着大海，把水喝了个精光。

然后，在毫无预兆的情况下，内陆的火山爆

公元 79 年 8 月 25 日

1点	4点	5点	6点30分	8点	9点
人们继续逃亡，他们的行动偶尔被透过灰烬的闪电照亮。滚烫的泥浆顺着火山流下，淹没了附近的赫库兰尼姆。火山灰、火山砾和浮石继续落在庞贝。	从维苏威火山上升起的火山柱轰然崩塌，火山碎屑（过热的火山灰和气体）顺着斜坡流下。滚滚洪流猛拍向赫库兰尼姆，吞噬了所有还活着的生命。	更大规模的炙热的火山碎屑埋葬了赫库兰尼姆。在庞贝，火山浮石和火山灰如雨而下，由于火山灰和气体浓度太大，城市和周边地区的人们开始感到无法呼吸。	更多的火山碎屑涌向庞贝，摧毁了这座城市的北墙。有毒气体和燃烧的灰烬席卷了整座城市。它们残忍地杀死了所有人，这些人被焚烧，窒息而死。	一股超强的毁灭性巨浪袭击了庞贝，几乎摧毁了每一座建筑的顶部。这股浪潮如此强大，波及斯塔比亚甚至那不勒斯的部分地区。幸运的是，它在到达米塞纳姆之前失去了冲力。	一次火山喷发后，维苏威火山的顶峰被炸开，山顶被削去了200米。当烟云开始消散时，这里的地貌完全改变了，这个地区被覆盖在像雪一样的灰烬当中。

发了，硫黄的气味像巨浪一样袭击了老普林尼等人。他左右观看，看到其他人都在四处奔逃，有的人在慌乱奔跑中跟跄而行。老普林尼慢慢地从毯子上站起来，他转过身，被奔腾而来的烈火照亮了……两天后，当阳光终于回到这个地区时，老普林尼被发现死在岸边。他的尸体被发现时完好无损，看上去就像在安静地睡觉。据信，他是死于窒息，一方面是由于火焰风暴中释放出的气体密度过大，另一方面是由于他虚弱的气管。写信给老普林尼的雷克蒂娜没有获救，也没有关于她是否在灾难中幸存的记载。

维苏威火山的爆发夷平了赫库兰尼姆、庞贝和斯塔比亚等城镇，使这些城市的人口急剧减少，一度令人自豪的宏伟建筑也被摧毁。人们在灾后很快就返回了该地区，尽其所能进行修复和重建。但由于这次喷发的灾难性规模，这三个遗址还是在学术层面消失了1500多年，直到1599年才首次在历史记录中被重新提及。今天，整个地区成为一个主要的旅游景点，每年有数百万游客参观这里。然而，最引人注目的还是庞贝，这个曾经繁荣的文化中心。它的故事是关于人性的故事，无论是在顺境中还是在逆境中，无论是在阳光下还是在阴影下。

在庞贝内部

今天，为了罗马人，也为了考古遗迹，我们继续探索庞贝，挖掘这座著名城市的主要遗址。

01. 住宅
对于今天的考古学家来说，了解庞贝人在灾难发生前的生活是非常重要的。因此，挖掘各种各样的房子，从简陋的小屋到宫殿级的府邸都是至关重要的。坐落于此的"悲剧诗人之家"（House of the Tragic Poet）被认为是庞贝住宅的典型代表。

08. 集市
庞贝的中心市场，是庞贝人日常生活的中心之一。从考古学的角度来看，在集市上有许多有趣的发现——从食物残渣到生活必需品和壁画。

06. 城市广场
在大多数罗马城市和城镇中，广场是地方政府的所在地，这里有一些行政大楼。在庞贝，广场朝北，面向重要的建筑——朱庇特（众神的统治者）神庙。

07. 澡堂
罗马人非常重视洗澡这项活动，在庞贝也是如此。城市里有三家大型的澡堂，其中一家就是这里——史塔宾浴室，另一家在城市广场，还有一家在市中心。

03. 寺庙
众神是罗马社会的重要组成部分。在庞贝有许多引人注目的神庙是为了纪念众神而建造的。维纳斯神庙和朱庇特神庙可以说是最重要的神庙。就考古研究而言，它们至今仍是最重要的依据。

10. 剧院
除了圆形剧场之外，庞贝剧院还是庞贝人的一个非常重要的出行目的地，多达5000名庞贝人可以同时在此欣赏到普劳图斯和特伦斯等人的戏剧。

09. 圆形竞技场
古罗马市民的另一项重要消遣是在圆形竞技场看竞技体育，从角斗、战车赛跑到处决，一切都在这个令人印象深刻的竞技场里上演。今天，剧场里会举行音乐会和公共活动。

02. 高街
庞贝古城由东向西被阿波坦查大街贯穿，这是一条宽阔的商业街，许多商铺、酒吧、澡堂、行政大楼、寺庙等都坐落在这条街上。

05. 体育场
庞贝的另一个重要遗址是体育场。这是一片巨大的草地，配有游泳池，周围有门廊。这个地方被用作当地人的运动场及军事训练场。

04. 酒吧
毫无疑问，酒吧是庞贝人生活中极其重要的一部分。考古学家在庞贝古城发现了 200 多家酒吧的遗迹，其中许多酒吧坐落在阿波坦查大街上一个巨大的葡萄园里。

日本泥石流

2018 年，日本

　　随着暴雨在日本倾盆而下，泥石流开始横贯这个国家，没人能预料到这场大雨的后果。这场大雨形成了洪水并引发泥石流。泥石流导致房屋被毁，有些房屋只有屋顶露出了水面。死亡人数上升到150多人，救援队前来实施救援。

"挑战者号"
航天飞机

管理不善和能力不足导致了史上最严重的航天事故之一。

概况

- 死亡人数: 7 人
- 佛罗里达, 大西洋
- 1986 年 1 月 28 日

"挑战者号"在升空 73 秒后爆炸, 机上 7 名机组人员全部遇难。这是美国国家航空航天局（NASA）的首个发射事故。尽管许多人渴望太空旅行, 但这仍然是一项风险极高的事情。

"哦哦",这是飞行员迈克尔·史密斯(Michael Smith)最后的话语,也是"挑战者号"航天飞机发出的最后信号。当史密斯说出那两个字时,谁也不知道他脑子里在想些什么。因为在那一瞬间,航天飞机爆炸了,机上7名宇航员全部遇难。

这是一个关于管理不善导致事故的悲剧故事,情节很复杂。"挑战者号"的故事早在1986年1月28日最后一次飞行之前就开始了。事实上,你可以追溯到航天飞机项目刚开始的时候。20世纪70年代,人们首次梦想着航天飞机出现,这与之前的任何太空探索都不一样。以前,宇宙飞船是以太空舱形式用火箭发射到太空的,然后在任务结束时用降落伞返回地球。

这种方法经过试验,在很大程度上是安全的。但是太空旅行从过去到现在都很昂贵,所以为了降低成本(同时也降低载力),美国国家航空航天局设想有一架可以定期往返于轨道的太空飞机。尽管最终的成品并不像《2001:太空漫游》中的太空飞机那样惊艳,但它仍然给人留下了深刻的印象。由于每次飞行任务后飞机需要翻新,其费用昂贵,所以航天飞机的成本并没有预期的那么低。

随着运载能力的增强,太空旅行可能不再限于专业宇航员。航天飞机可以容纳7人,但并不是所有人都需要操作航天飞机。其中两个人是必须承载的专家,飞机上也可以搭载其他职业的人,比如科学家、作家或者普通大众。

这次"挑战者号"的任务代号是"STS-51-L",是自1981年4月航天飞机第一次执行任务以来的第25次飞行任务。这种发射频率本身就很了不起,同时这也显示出因为每年都有几次发射,人们对航天飞机充满了信心。因此,在1984年,罗纳德·里根总统宣布了"太空教师

计划"(TISP)。该计划将开始让教师作为专家执行航天飞机任务。这对美国国家航空航天局或者对任何航天机构来说,都是一个全新的领域。

11000名教师申请了这个令人垂涎的位置,想要成为登上"STS-51-L"的第一人。在被削减到10名候选人之后,一位来自新罕布什尔州康科德高中(Concord High School)的社会学教师克里斯塔·麦考利夫(Christa McAuliffe)成了最终人选,这在一定程度上要归功于她无限的热情。按计划,麦考利夫将在轨道运行的两周内进行大量的公众宣传活动,其中包括为美国的200万学龄儿童上两堂15分钟的课,以及其他一些活动。"我还是有点飘飘然,"她在被选中后的新闻发布会上说,"我不知道什么时候才能回到现实中来。"

麦考利夫被选中后,准备工作就开始了。届时公众对航天飞机项目的兴趣已逐渐减少,美国国家航空航天局希望她能重新唤起公众对这个昂贵飞行器的迷恋。一些人认为,除了为证明航天飞机是安全可靠的之外,美国国家航空航天局在"挑战者号"执行任务期间出现了"发射热"的现象。也就是说,他们希望尽可能快、尽可能频繁地发射航天飞机。也许正是由于这个原因,"挑战者号"的发射才出现了问题。

当航天飞机在20世纪70年代首次被开发出来时,人们就发现了一个潜在问题。为了发射出去,航天飞机首先要连接上一个主燃料箱,燃料箱两侧各有两个固体助推器(SRB)。每一个助推器都由7个部分组成,其中6个部分与直径11.6米的橡胶O形环密封圈连接在一起。

犹他州的莫顿聚硫橡胶公司是火箭固体助推器的生产者,但是在早期的测试中,该公司发现O形环可能存在问题。在一些特定的测试中,火箭推进器的金属可以弯曲和张开,并让热气体通

这次飞行要完成的任务

在7天的太空飞行中，"挑战者号"有很多目标，如果发射成功的话，这些目标是可以完成的。它的主要目标是发射第二颗跟踪和数据中继卫星（TDRS-B），这颗卫星是美国政府和其他机构用来与卫星等设施通信用的，后来又用来与国际空间站联络。

航天飞机上的一颗小卫星——"斯巴达哈雷彗星号"宇宙飞船，将从航天飞机上出发飞行两天，观察最接近太阳的哈雷彗星。按照计划，第二天，克里斯塔·麦考利夫将开始第一个太空教师的录像工作，并在第四天进行更多的现场直播。机组成员之一罗纳德·麦克奈尔（Ronald McNair）甚至计划在太空中吹奏萨克斯管，与作曲家琼·米歇尔·亚勒（Jean Michel Jarre）合作，为他的专辑《Rendez-Vous》演奏一段音乐。

第七天应该是"挑战者号"在太空飞行144小时34分钟后成功返回地球的日子。遗憾的是，这从未实现。

过O形环制成的密封圈逸出。如果情况严重，这可能会导致所谓的"烧穿"，即热气体逸出，并最终导致助推器的结构失效。换句话说，就是爆炸。大家都知道O形环的密封可以打开，但还没有完全认识到问题的严重性。航天飞机本身也缺乏适当的发射终止系统。以前的载人火箭，终止系统是一个插在火箭尖形顶部的助推器。在紧急情况下，太空舱可以在火箭爆炸前被转移到安全地带。

在航天飞机上，全体机组人员都在一个舱内，就像在普通飞机中一样。两层的舱里有7名成员，如果发生灾难性的故障，根本不可能把所有人都发射出去。在研发可拆卸乘务舱方面曾有过一些讨论，但事实证明这太难了，最显而易见的困难是这种装置给整个飞行器增加了太多的重量。这意味着，在航天飞机发射期间没有可行的方法保证机组人员的安全。

机组人员配备了降落伞，在航天飞机发射后出现紧急情况时，飞行员会尝试让航天飞机进入受控滑翔状态。然后，每名成员将通过一个装有爆炸螺栓的舱口跳出来，顺着一根杆子向下滑出航天飞机以确保他们在跳落的时候避免碰撞到机翼。然而，这个发射终止系统从未被使用过，因为，无论如何，助推器一旦被点火就不能停止。这意味着，飞行员必须等大约两分钟，在助推器耗尽所有燃料后，航天飞机才会进入滑翔状态。

所有这一切都导致了发生在1月28日星期二的重大事件。此次航天飞机的飞行任务引起了公众的极大关注，尤其是因为麦考利夫在飞机上。据估计，17%的美国人观看了发射直播，85%的人在事故发生后一小时内就知道了此事。

原定于1月22日发射，后来被推迟了一天，接着由于前面的"STS-61-C""哥伦比亚号"发射任务的延期，这次发射又被推迟了。塞内加尔达喀尔的天气恶劣，如果在这种天气条件下发射，航天飞机可能会因为紧急情况在飞行途中着陆。所有这些因素叠加导致"STS-51-L"的发射进一步被延误。

此次航天飞机发射被推迟到 1 月 28 日。所有航天飞机都是从位于佛罗里达州卡纳维拉尔角著名的肯尼迪航天中心发射基地 39 号发射场发射的。这个地方离赤道很近（地球自转使火箭发射速度更快），而且发射场东面有海岸，这使得一些部件（如固体助推器）在发射后可以掉落在海洋中。但佛罗里达也因其多变的天气而闻名，发射当天早上，气温降至零下 2.2 摄氏度。此前发射时最冷的温度为 12 摄氏度。莫顿聚硫橡胶公司的工程师警告美国国家航空航天局，在这么低的温度下，橡胶密封圈即 O 形环无法正常密封。其中一位工程师罗伯·艾伯林（Rob Ebeling）特别强调了这一点。然而，美国国家航空航天局坚决反对推迟发射。毕竟，此次航天飞机任务进程已经大大落后于计划了。随后双方就这一点进行了一次令人瞠目的交流。莫顿聚硫橡胶公司管理层曾告诉美国国家航空航天局，他们应该推迟发射，但在一次电话会议上，助推器项目经理、美国国家航空航天局的乔治·哈迪（George Hardy）说："我感到震惊。你的建议太耸人听闻了。"据美国国家公共电台（NPR）报道，多年后，莫顿聚硫橡胶公司的另一位工程师罗杰·博约利（Roger Boisjoly）如是回忆起了这件事。另一位航天飞机项目经理劳伦斯·马洛伊补充说："天哪，聚硫橡胶公司！你希望我们什么时候发射，明年 4 月吗？"令人难以置信的是，尽管存在这些担忧，美国航空航天局还是继续推

电视直播的发射画面显示，在发射 58 秒后就出现了烟羽，尽管很多人不太可能知道它的意义。

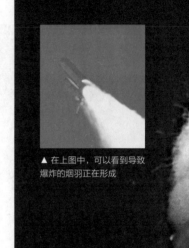

▲ 在上图中，可以看到导致爆炸的烟羽正在形成

进了发射进程。然而，由于各种未知原因，莫顿聚硫橡胶公司管理层改变了他们原来的观点，表示应该继续发射。

艾伯林尤其震惊。据美国国家公共电台报道，发射前的那个晚上，他对妻子达琳（Darlene）说："它会爆炸的。"后来，在 2016 年的一次采访中，他痛心地说："我认为那是上帝犯下的错误之一。他不应该选我做这项工作。但下次我跟上帝说话的时候，我会问他：'为什么是我？你选了个失败者。'"不管怎样，到了那天早晨，发射的准备工作还是开始了。因为火箭上堆积了大量的冰，人们对固体助推器更加担忧了。发射因此又推迟了一个小时，但是由于冰似乎逐渐融化了，发射计划继续进行。

美国东部时间上午 11 点 38 分，"挑战者号"

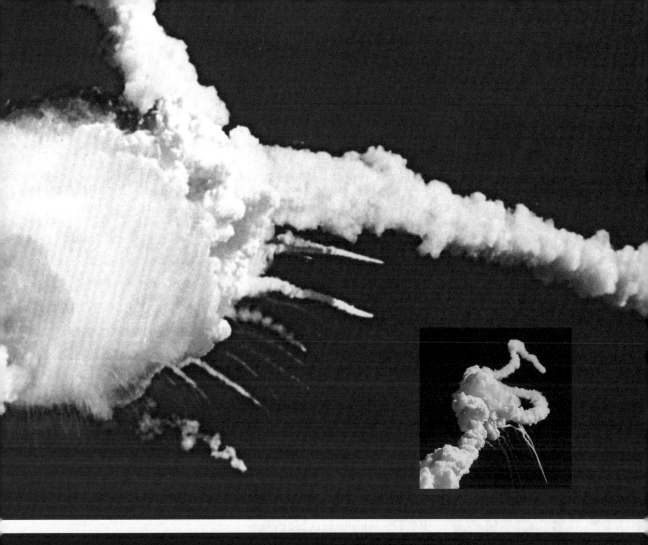

罗杰斯调查委员会报告

- -

事后对"挑战者号"事故发起的调查与这起事故本身一样饱受诟病。受命于里根总统，一个委员会得以成立来调查灾难的原因。该委员会的许多成员都是知名人士，包括尼尔·阿姆斯特朗（Neil Armstrong）和萨莉·莱德（Sally Ride）。不过，后来在这个调查组中最引人注目的是美国理论物理学家理查德·费曼（Richard Feynman）。他的调查结论是，事故是由于设计有缺陷，导致助推器中O形环无法密封造成的。

报告最终得出结论称："委员会得出结论认为，莫顿聚硫橡胶公司和美国国家航空航天局都没有对内部有关密封设计缺陷的警告做出充分回应。"

尽管如此，费曼还是主导了自己

的调查，深入研究了美国国家航空航天局自身的内部运作。他发现，工程师和管理层之间存在严重脱节。

最令人吃惊的发现之一是航天飞机的预期失败率。美国国家航空航天局管理层告诉他，发生灾难性故障的概率是十万分之一。但很快事实就清楚了，这个数字几乎是凭空想象出来的。当他要求工程师们匿名评估失败的概率时，他们给出的数字大多在五十分之一到二百分之一之间。最广为人知的是，在一次电视直播的听证会上，费曼把一个O形环放在一杯冰里，模拟O形环在航天飞机上的效果。

由于委员会其他成员不太喜欢费曼的风格，因此他的调查结果只出现在调查主报告中的关键报告部分。

▲ 在报告中理查德·费曼曝光了美国国家航空航天局的内部失误

▲ "挑战者号"发射的那天早上，机身上的冰可以显示出天气的寒冷程度

航天飞机上的电脑纠正了这种偏差，但是这么做会强行推出固体燃料。这次风切变被认为是航天飞机发射史上最大的一次，如果它没有发生，这次任务很有可能会成功。然而，遗憾的是，事实并非如此。"挑战者号"在经历风切变的过程中降低了引擎的转速，在发射大约51秒后，在继续向太空爬升的过程中又提高了转速。58秒时，右侧固体助推器上一个连接处的O形环失灵，那里窜出了火苗。在半秒钟内，小火苗就发展成了可见的烟柱。电视直播的画面显示，在发射58秒后出现了一股烟羽，尽管很多人不太可能知道它的意义。火焰开始烧到助推器上，烧穿了连接助推器到主油箱的接头。

那些在任务控制中心的人没有观测到这些变化。在第68秒的时候，太空舱通讯员宇航员迪克·科维发出了一个标准的指令来增大航天飞机主引擎的功率，他说："加速飞行。""收到，加速飞行。""挑战者号"上的指挥官迪克·斯科比（Dick Scobee）回应。结果几乎是立竿见影的。在第72秒的时候，火焰烧穿了承载右侧助推器的飞机主油箱。

火焰围绕着上部支柱螺旋向上，击中了主油箱。发射73秒后，灾难降临。在一瞬间，外部燃料箱裂开了。这不是爆炸，而是猛烈的破裂和起火。这一合力将"挑战者号"撕成了碎片，而结构更为坚固的助推器则不受控制地飞离爆炸

发射了。发射后仅仅两秒钟，事情就开始出错。几乎是立刻，O形环就失效了，但一块固体燃料恰巧在此时形成了一个短暂的密闭效果。令人惊讶的是，这可能是唯一能避免航天飞机在发射台上就爆炸的原因。"挑战者号"飞得更高了，发射似乎正在按计划进行。美国国家航空航天局电视评论员休·哈里斯说："第25次航天飞机发射升空。"但在发射36秒后，"挑战者号"遭遇了一股强风，切变风场，航天飞机被推向一边。

现场。

到第78秒时，空气中充满了巨大的火、烟和助推剂形成的云层。航天飞机的碎片被抛向四面八方。"挑战者号"爆炸的标志性画面令人印象深刻。然而，引起争论的一点是宇航员的实际死亡时间。当时，美国国家航空航天局的官方说法是，他们要么被震晕了，要么在爆炸中丧生，或是他们一直处于失去意识的状态，直到他们所处的船舱坠入大海，然后当场全部遇难。然而，一些专家和《迈阿密先驱报》旗下《热带》杂志记者丹尼斯·E.鲍威尔的一篇详尽报道表明，舱内人员当时幸存了下来，并在整个过程中保持清醒，直到飞机撞击海面——在没有逃生方法的情况下，他们被困在客舱里2分45秒，直到飞机最终以每小时333千米的速度撞击海面并坠入大海，然后7人全部遇难。

后来，在对"挑战者号"客舱坠毁的大西洋底部进行勘察时显示，一些舱内人员戴上了氧气面罩。这表明他们确实在最初的火灾和飞行器解体中幸存了下来。我们不太可能确定他们确切的死亡时间。打捞人员打捞出了宇航员的遗体，那些可以辨认出的遗体被移交给了他们的家人，其

"挑战者号"的余波

"挑战者号"的灾难彻底撼动了美国国家航空航天局。航天飞机计划暂停了32个月，在此期间，罗杰斯委员会发布了报告。对美国国家航空航天局来说，现在是重新评估航天飞机项目的时候了，需要重新设计火箭助推器以防止此类问题再次发生。

通过增加一个额外的O形环来加强连接处，同时设计了更好的温度监控装置，以确保材料不受多变条件的影响。从公共关系的角度来看，"挑战者号"的灾难和教师克里斯塔·麦考利夫在事故中的丧生使美国国家航空航天局搁置了让普通百姓进入太空旅行的计划。美国国家航空航天局原本计划一年后让一位记者继麦考利夫之后进行太空旅行，接下来还有一位艺术家，最终目标是让任何人都可以进行太空飞行。

据《史密森尼杂志》（Smithsonian Magazine）报道，美国国家航空航天局在1983年任命的一个特别工作组曾表示："美国国家航空航天局希望用航天飞机运送观察员，以增进公众对太空飞行的理解。"一位美国国家航空航天局的发言人甚至认为，如果他们向公众开放这个机会，将会有300万名申请者，届时会通过抽奖的方式来决定谁能飞上太空。就连在《芝麻街》（Sesame Street）中一举成名的"大鸟"（Big Bird），也被美国国家航空航天局视为候选者之一，此外还有一些作家，因为他们可以就这次经历写出精彩的文章。

事实上，在"挑战者号"失事前两周，就有1700

多名记者申请参加随后的太空飞行。事故发生后，便再没有记者参与过飞行。2007年，芭芭拉·摩根曾经是麦考利夫的替补，最终登上了"奋进号"航天飞机。

余人的遗体则被安葬在弗吉尼亚州的阿灵顿国家公墓（Arlington National Cemetery）的一个纪念碑下，以纪念机组人员。

事故发生后不久，工程师和任务指挥者就面临着一项严峻的任务：仔细研究数据，找出发射失败的原因。直到罗杰斯委员会的报告公布出真相，O形环的故障才广为人知。事实上，早期的报道称，是错误引爆导致的外部燃料箱爆炸——尽管打捞工作证明情况并非如此。灾难发生后，里根总统在椭圆形办公室发表了讲话。"我们已经习惯了本世纪出现的奇迹，"他说，"很难有什么让我们为之惊叹。然而，25年来，美国太空计划一直让我们耳目一新。我们已经习惯了太空的概念，但是也许我们忘记了我们才刚刚开始。我们仍然是先驱者。他们，'挑战者号'机组的成员，是先驱者。"在此事故后直到1988年9月29日，"发现者号"才开始执行任务——"返回飞行"。

2003年，另一场灾难——"哥伦比亚号"失事——再次撼动了美国国家航空航天局。除了航天飞机停飞之外，美国国家航空航天局还与那些想要通过航天飞机发射卫星的承包商发生了争执。一些人要求使用美国国家航空航天局舰队中的其他火箭，比如泰坦火箭。自那以后，美国国家航空航天局对媒体的政策也发生了巨大的变化。在事故发生后最初的几天里，他们拒绝给媒体提供信息；而今天，该机构对媒体更加开放。

"挑战者号"爆炸是航天史上黑暗的一笔。它仍然是美国国家航空航天局的一个阴影，或许在一定程度上解释了为什么该机构如此谨慎地对待今天人类太空飞行的努力。航天飞机项目于2011年7月结束，但"挑战者号"的机组人员将永远活在人们的记忆中。

他们可能已被困
在机舱内2分45秒，
无法逃脱。之后机舱
垂直坠入大海。

机组成员

迪克·斯科比
46岁的弗朗西斯·理查德·迪克·斯科比是"挑战者号"航天飞机的指挥官。1939年5月19日出生于华盛顿，1957年加入美国空军，1978年加入美国国家航空航天局的宇航飞行队。

迈克尔·J.史密斯
迈克尔·J.史密斯（Michael Smith）是航天飞机上的飞行员，他在事故中丧生时年仅40岁。他于1945年4月30日出生于北卡罗来纳州的博福特。他曾在驻越南的美国海军服役，并于1980年5月加入美国国家航空航天局。

埃里森·鬼冢
任务专家埃里森·鬼冢（Ellison Onizuka）是第一个登上太空的日裔美国人。1946年6月24日出生于夏威夷的凯阿拉凯夸（Kealakekua），曾在美国空军服役。离世时39岁。

朱迪斯·瑞斯尼克
36岁的任务专家朱迪斯·瑞斯尼克（Judith Resnik）原本将成为继萨莉·赖德之后第二位进入太空的美国女性。她于1949年4月5日出生于俄亥俄州的阿克伦，在1978年加入美国国家航空航天局之前，她是一名生物医学工程师和系统工程师。

罗纳德·麦克奈尔
时年35岁的任务专家罗纳德·麦克奈尔于1950年10月21日出生于南卡罗来纳州。麦克奈尔于1978年加入美国国家航空航天局，之前是一名物理学家。在1984年，他也曾在"挑战者号"上执行过一次飞行任务。

格雷戈里·贾维斯
1944年8月24日，格雷戈里·贾维斯（Gregory Jarvis）出生于密歇根州底特律。贾维斯是一名工程师，他在美国空军服役了4年，并于1984年7月被选为有效载荷候补专家。享年41岁。

克里斯塔·麦考利夫
载荷专家克里斯塔·麦考利夫出生于1948年9月2日。作为1985年选定的美国国家航空航天局太空旗舰项目"太空教师计划"的一分子，她将成为第一个进入太空的教师。她遇难时37岁。

黑死病

使世界瘫痪的那场疾病大爆发背后可怕的真实故事

概况

- 死亡人数: 7500 万到 2 亿人
- 世界范围
- 1346—1353 年(欧洲高发期)

欧洲人口减少了 30% 到 60%，花了三个世纪才得以恢复到原有水平。黑死病由老鼠传播，症状包括发烧、呕吐、呼吸困难和腋窝与腹股沟的生疖。

　　在几代人享受了阳光和温暖的气候之后，欧洲经历了前所未有的人口激增，从没有这么多人生活在这片陆地上。在第一个千年之交，欧洲有2400万人口，到1340年已经达到5400万。这片陆地上的所有国家的农田都在减少，森林被蚕食，食物供应开始达到极限。然而，就在小冰河时代开始的时候，一股可怕的邪恶力量悄悄侵袭着这片土地，一个世纪后，欧洲人口骤降至3700万。

　　尽管许多人相信，几个世纪前这可怕的力量就曾出现在非洲东南部，并沿着尼罗河潜入欧亚大陆，但人们对这个死亡使者的真正起源还不得而知。这个怪物无处不在，它遍布在潮湿的船舱、装满谷物的筒仓和磨坊、肮脏的街道和满是污垢的码头。

　　大黑鼠鼠背上的跳蚤在染上鼠疫耶尔森菌后开始传播病菌，被感染者剧烈咳嗽，病菌在他们吐出的血痰中大量繁殖。被感染者的腹股沟和腋窝会生出球状臭疮并流脓。这场灾难猛烈而又无情地袭来，几小时之内就屠尽了城内所有家庭，几天之内就摧毁了城镇。我们现在称这场在14世纪中叶迅速席卷欧洲的大流行病为黑死病。随着百年战争席卷西欧，饥荒开始使那些人口处于极限的国家身处困境，随后疾病迅速蔓延，带来了死亡。许多人担心世界末日临近……

　　黑死病被笼罩在神秘之中，即使是现在，研究人员仍然在争论这种病疫的确切组成部分以及它穿越大陆的路径。但可以肯定的是，它起源于欧洲大陆的东端，然后穿过了卡法（现在的费奥多西亚）、西西里岛和欧洲南部，并在席卷法国和英国时达到顶峰。科学家们一致认为，黑死病就是淋巴腺鼠疫（bubonic plague），这是一种由受感染的跳蚤携带的细菌性疾病。这些跳蚤主要寄生在非洲大陆上随处可见的黑色大鼠身上，也寄生在其他种类的啮齿动物、兔子以及猫等大型哺乳动物身上。鼠疫耶尔森菌会感染跳蚤的血液，然后导致旧血液和细胞在前胃（跳蚤胃前的瓣膜）内积聚。

这种积聚意味着，当一只饥饿的跳蚤试图咬下一个受害者时，它胃部的高压会迫使一些被跳蚤摄入的血液带着成千上万聚集在前胃的细菌细胞回到被咬开的伤口。然后，鼠疫耶尔森菌就会沿着受害者的淋巴道从咬伤的源头传到最近的淋巴结。一旦到了那里，细菌就会入侵并完全占领淋巴结，如此，淋巴结会膨胀、僵硬，渗出腐臭的脓液。由于大多数人是腿部被咬，这通常会感染腹股沟的淋巴结。这些被称为腹股沟淋巴结炎的肿大淋巴结是患有鼠疫的主要标志，它们既丑陋又令人痛苦，从葡萄大小到橙子大小不一，它们使人在做任何运动的时候都疼痛难忍。

在淋巴结炎出现之前，患者的身体会发出轻微的警告。首先患者会有流感的症状，紧接着是发高烧。一两天之内就会出现小的圆形皮疹，也叫玫瑰疹——它们会遍布全身，尤其是在受感染的淋巴节周围。脆弱的血管壁和内部出血造成的这些玫瑰疹是一个明显的症状，只要它出现，就表明不幸得了莎士比亚所称的"与死亡如影随形的瘟疫"。

一旦淋巴结炎引起全身发烧高热，病情就会迅速发展。随之而来的是腹泻和呕吐，以及因布巴杆菌爆裂而导致的感染性休克和呼吸系统疾病，同时呼吸衰竭和肺炎会带走生命最后的一点希望。在两周内，五分之四感染鼠疫的人会死亡。

阿格诺洛·迪·图拉·德尔·格拉索，一个来自意大利锡耶纳的史学家很生动地描述了当时的恐怖情景："我不知道从哪里开始描述它的残忍无情；几乎每个目击者都会被悲伤击溃。人类

农耕时代，国家的大部分财富都来自土地，黑死病导致了惊人的损失。

的语言无法描述这样可怕的事情，那些没有看到这样恐怖情景的人是受到了上帝的庇护。染上病的人几乎立刻死亡；他们的腋下和腹股沟会肿胀，说着话就会突然死去。父亲抛弃孩子，妻子离开丈夫，兄弟之间不再相见，所有的人都逃离对方，因为人们以为疾病通过呼吸和视线就会传播。所以人们死后，没有人为他们收尸。"

面对瘟疫和即将来临的末日，法国国王菲利普六世委任巴黎大学医学院推断出罪恶的根源，从而根除它。这些教授的发现并不是好兆头，因为他们把这场悲剧归咎于土星、火星和木星的合相在水瓶座，以及土星在木星宫的位置。当时，

▲ 17世纪早期治疗瘟疫的医生

死亡或治愈

很多草药被认为是对抗黑死病的有效方法。根据收入，患者们会定期接受以下这些方剂的治疗与再诊断：研磨的祖母绿宝石溶液或用新产鸡蛋的碎壳与碎金盏花、麦芽酒和糖浆混合制成的药剂。另一种有效的治疗方法是每天喝两杯尿，这也被认为可以预防疾病。对淋巴结肿疗的治疗是一件更棘手的事情。在恐惧中，人们相信他们可以通过用面包贴住疗子并用高温把病菌逼出来；更令人难以置信的是，有些人认为把一只活母鸡绑在疗子上并反复冲洗，就可以驱走瘟疫。

医生们后来发现，在早期阶段，用刀切开脓疮、引出脓液和使用膏药是相对有效的办法。这类膏药通常由树脂、白百合根和人粪干块、砒霜或干蟾蜍制成，根据病情酌情使用。还可以用煮熟的洋葱、黄油和大蒜混合做药膏，用水蛭吸血或切口放血之后，将黏土和紫罗兰敷在伤口上。

在很大程度上，由于人们认为黑死病是瘴气导致的，所以最好的补救措施是携带一袋袋的香草和香料（或香丸），并在家中焚烧。

木星被认为是暖湿气体的来源，而炎热干燥的火星使这些气体灼热而变得有害。而这些有害气体被认为是一种厚厚的、臭气熏天的致病烟气，之后这种烟气被称为瘴气。他们认为瘴气是由火山的硫黄喷发和地震的威力混合而成的。至此，人们认为找到了罪魁祸首，就不再洗澡（因为洗澡会打开毛孔引起瘴气入体），把自己封闭起来，房间里挂满了厚厚的挂毯以阻挡有毒的空气，拿着带有香味的花束和香丸以驱散邪恶的臭气。但这些都救不了他们。

黑死病在不到五年的时间里就摧毁了欧洲。它开始在黑海沿岸蔓延，并直抵拜占庭帝国。1347年，金雀花王朝的英格兰圣女贞德准备离开

英国嫁给卡斯提尔的佩德罗王子，并结成政治联盟。而此时黑死病袭击了地中海和西西里的墨西拿，受到惊吓的农民们开始意识到这个怪物是由海路来袭的，他们开始拒绝港口停泊船只，但这远远不够，而且也太迟了。来自热那亚和君士坦丁堡的商船把鼠疫带到了意大利的土地上。在那里，鼠疫在受感染的河流、运河和人行道上传播。到1348年，威尼斯每天有600人死亡；罗兹岛、塞浦路斯和墨西拿全都沦陷了。黑死病入侵的步伐加快了，然后猛攻欧洲的中心地带，最终夺去了马赛60%和巴黎一半的人口。

由于未知原因而死亡的人数如此之高，波尔多市长甚至放火焚烧了港口。这是一个非常有先

当黑死病来袭……

流感来袭
开始像一场重感冒，身体隐痛，然后疼痛、寒冷和发烧相继而来。

玫瑰疹
几个小时后，圆形红疹开始出现在被感染的淋巴结周围。

腹股沟淋巴结炎发作
在一两天内，淋巴结变黑，膨胀到差不多橘子的大小。

呕吐
严重的体液流失，包括血液，伴随着腹股沟淋巴结炎日益加重而导致的脓液。

感染性休克
感染两到三天后，患者常会出现感染性休克和肺炎。

呼吸衰竭
在病菌的攻击下，人体的中枢系统变得虚弱，失去了功能。

死亡
通常在两到四天之间，黑死病会夺去宿主的生命。很多人死在街上。

nis Mignard inceonsis In et Pinxit
Audran sculps et ex cum priuil Regis
varis ru S.t Iacques na a pillier dor

见之明的举动。英国当时的情况也好不到哪里。在1348年通过布里斯托尔、韦茅斯和伦敦等港口到达英格兰南部海岸的黑死病已经夺去了伦敦一半人口的生命。在1349年春天，伦敦的死亡人数已经高达每天300人左右。

在农耕时代，国家的大部分财富都来自土地，黑死病导致了惊人的损失。成片成片的金黄色玉米地没有农民耕种，骑士和教士不得不自己挥汗如雨地在地里干活。为了对抗严重的通货膨胀，满足对劳动力的需求，那些没有农奴的地主被迫把土地租给幸存的农民。这些农民第一次变得独立，这导致了一个新阶级——自耕农阶级的出现。这释放了资本，并使社会经济流动性增大。这可能导致了一种原始资本主义的诞生，但也导致了十村九空的现状。

除了因为疾病而减少的人口外，富人的产业比不上一些寡妇的陪嫁丰厚，这些寡妇终身享有亡夫死前收入的1/3。由于死亡率增加和大龄未婚女性拥有继承权，年轻的贵族们也和穷人一样囊中羞涩，没有更好的机会躲避瘟疫。虽然黑死病之前英国长期的人口过剩对劳动力市场并没有什么影响，但是到了1370年左右，经过一代人的更迭，劳动力出现严重短缺。这导致了英国政府通过越来越严格的法规抑制工资上涨，并最终引发了1381年的农民起义。欧洲其他地方也是如此，黑死病的影响导致了法国的扎克雷运动（the Jacquerie，1358年）以及意大利的琼皮起义（the Revolt of the Ciompi，1378年）。尽管神职人员信誓旦旦，但宗教对黑死病却无能为力。教会人士常常是最接近医生的人。他们禁止医生亵渎上帝赐与人类的身体，因此人们不能通过尸体解剖来了解死亡的确切原因。牧师们害怕瘟疫，拒绝主持临终祈祷仪式，还敦促人们互相忏悔。同样，葬礼仪式也被放弃了，尸体堆

了好几层，每一排之间都填充了少许泥土。有些农民开始为埋葬死者而收费赚钱。最终，神职人员拒绝尸体进入城市。因为此时死亡已经司空见惯，于是规定葬礼不鸣丧钟。

当时有250万犹太人居住在欧洲，人们将他们与神秘的卡巴拉和黑魔法联系在一起视为巫术和邪恶行为的主要嫌疑人。从1000年开始，犹太人一直都是强大的世界商人，而此时他们进入了一个衰退期，最终在1500年在经济上被意大利商人所取代。

据估计，瘟疫夺走了当时欧洲40%至50%的人口——大约2000万人。

在1348年黑死病最肆虐的时候，像犹太人阿吉米特那样在刑讯逼供下给出的虚假供词让事态更加恶化。在1349年的情人节，2000名犹太人在法国斯特拉斯堡公墓被烧死。在德国和瑞士其他城市也发生了类似的犯罪事件，这引发了一场穿越欧洲的大规模的犹太人大迁徙。那时波兰的卡西米尔国王爱上了一个犹太女人，于是他向他心上人的同胞打开了国门，犹太人来到那里并一直居住到第二次世界大战。

黑死病于1350年到达瑞典。当它到达俄国时，瘟疫在英国和法国几乎消失了。

历史学家从未就黑死病消失的原因达成一致的意见。持续烧死人、隔离、卫生条件稍有改善以及来往欧洲的人口减少，这些都被认为起到了一定的作用。这场瘟疫夺去了当时欧洲40%

至50%的人口，也就是2000万人的生命。与1918年第一次世界大战结束后西班牙流感大爆发造成的死亡人数相比，此次瘟疫有过之而无不及。

由于不了解疾病的科学本质，许多人认为黑死病是一种瘴气病，由空气中有毒的、携带瘟疫的臭气引起的。因此，人们捧着花束，在家里熏香，人们不再洗澡（人们认为洗澡使毛孔张开导致病毒侵入），甚至用尿液冲洗自己以加强他们抵御外部烟雾和瘴气的能力。一些历史学家认为，伦敦大火（1666年）消灭了黑老鼠，是使英国免于完全陷入鼠疫灾难的唯一原因。欧洲花了几个世纪才完全恢复过来，那些幸存下来的人相信他们目睹了世界末日。

▲ 鼠疫受害者的葬礼通常在晚上举行，以减少与其他人的接触

特纳里夫岛机场灾难

两架满载燃油的波音 747 飞机在跑道上相撞。这是航空史上最致命的事故之一。

透过浓雾向特纳里夫岛上的洛斯罗迪欧斯机场（现北特内里费机场）跑道看去，只能看到两道淡淡的光束。乍一看，朦胧的灯光似乎静止不动。只有不断增加的光亮强度表明情况并非如此。突然，庞大的波音747飞机从黑暗中出现。泛美航空1736航班的机长维克多·格拉布（Victor Grubbs）、副机长鲍勃·布拉格（Bob Bragg）和飞行工程师乔治·沃恩（George Warns）都不太相信他们所看到的。

作为商业航空公司的飞行员，在他们多年的飞行经验中，眼前的情景是不可想象的，这是来自噩梦而不是现实中的情景。距离700米，以每小时258千米的速度迫近的是荷兰皇家航空公司（KLM）的4805航班。9秒钟后，1977年3月27日下午5点零6分，两架波音747大型喷气式客机相撞了。

"该死的，那个玩意儿来了！"格拉布做了大胆尝试，他全力将四个节流阀都拉上去，试图让他的飞机远离跑道。多亏了他的行动，才会有少数幸存者。没有多少人能从这场灾难中侥幸逃生，而那些活下来的人是非常幸运的。如果泛美航空公司的大型喷气式客机没有侧翻的话，荷兰皇家航空公司的747客机就会迎头撞上它，如果是那样的话，机上人员将全部死亡，不会有任何幸存者。

如今的航空技术变得非常先进，坠机事故已越发罕见。飞机是最安全的旅行方式之一。车祸每天都在发生，飞机失事却不会。然而，在所有最新的技术创新、独创性和工程壮举中，有一项统计数据的增长却令人担忧：目前50%的航空事故是由飞行员操作失误导致的。近年来，这一数字有所上升，超过了业内专家所称的灾难性机

概况

■ 死亡人数：583人
■ 洛斯罗迪欧斯机场，特纳里夫岛
■ 1977年3月27日

两架747大型喷气式飞机在特纳里夫岛的机场跑道上发生致命碰撞。一系列因素导致了一场伤亡人数惊人的悲剧。

械故障（占事故总数的20%），这令人担忧。

　　特纳里夫岛机场的灾难是另一种飞行员失误行为。这场空难就像是一个由狂妄引发的悲剧故事。它讲述了一个明星员工是如何行事狂悖以致万劫不复的，整个故事令人难以置信。

　　毫不夸张地说，雅各布·范·赞腾（Jacob van Zanten）是荷兰皇家航空公司的形象代言人。他在公司的广告中担当主角，被认为是"最好中的最好"。50岁的他大部分时间都在用模拟器训练别人。当荷兰皇家航空公司的老板们第一时间得知两机相撞时，他们希望由范·赞腾来领导调查。当被告知他本人也卷入了这场灾难时，老板们都惊呆了。荷兰当局和荷兰皇家航空公司最初不愿将责任归咎于人气火爆的机长雅各布·范·赞腾。但是正是他们信任的人所做的决策导致了583人的死亡。

　　荷兰皇家航空公司的4805航班已被推迟起飞。如果飞行员超过了规定的飞行时间，他们必须被强制休息。范·赞腾对荷兰皇家航空的敬业精神和奉献精神意味着，这些规定在他身上已然不适用了。起初，他的不耐烦是可以理解的。恐

4805航班侧翻了，现在它起火了。接着是一连串的爆炸，男人、女人和孩子都被火焰包围着。

怖分子正在给这架飞机及其所有乘客带来不便。然后，就在拉斯帕尔马斯的机场用无线电通知特纳里夫岛的机场前者已经重新开放时，天气突然转坏。

　　他们本不该在这个小岛上，但是现在他们不仅在，而且还被困在岛上。天气转坏，他们面对的非常现实的情况是他们不得不在这里停留一夜，这笔本不该有的花销将花费公司数千美元。虽然天气因素与这场事故有关，但加那利群岛的政治动荡局势在事故中起了重要的影响。此外，控制塔故障和语言沟通问题也对事件起着推波助澜的作用。然而，推下推进器的决定却是由于一个人的傲慢、急躁、对节省时间的执着以及驾驶舱文化而导致的。在这种驾驶舱文化中，机长的

话就是法律，严格的等级制度禁止副机长或其他人质疑他们的机长。

特纳里夫岛洛斯罗迪欧斯机场的规模和位置是另一个重要因素。显然，这个机场的规模不能应对多架大型飞机同时起降。这架荷兰皇家航空公司波音747飞机本不应该出现在特纳里夫岛上。他们最初的目的地——大加那利岛的拉斯帕尔马斯发生了一起恐怖事件，所有空中交通的原本航线都被改变了，等待另行通知。当拉斯帕尔马斯机场重新开放时，控制塔台的操作员决定让飞机沿着跑道一直跑到尽头，然后转个大弯再起飞。这是一个常规和直接的想法，在业内，这被称为"回溯"。

对于控制塔台的操作人员，有人指责他们更关注的是广播里的一场足球比赛而不是如何引导飞机安全起飞这样的复杂操作。由于洛斯罗迪欧斯的海拔高度，这里很容易受到山雾的影响。在突然形成的浓雾中，塔台的操作人员看不见这架747飞机。天气状况又加剧了危险，控制塔台的工作人员越来越紧张。如果情况变糟，再加上一场小雨，航班就很有可能被取消。度假者们会被困在一个他们本没有计划去的岛上。

泛美航空公司的747客机1736航班当时正以每小时5千米的速度滑行，寻找滑行出口。由于恶劣的天气条件以及经历了几次通信混乱，机组人员已经感到紧张。他们不确定该从哪个出口出去，他们被指引去的出口根本不对，因为那个出口是一个45度角夹角。他们仔细核对信息，但根本没弄明白。于是，他们又去了另一个地方。当时这架飞机更合理的选择是第四出口，即C4。

当荷兰皇家航空公司的4805航班从雾中出现，发现泛美航空公司的飞机挡在跑道上时，机长雅各布·范·赞腾不顾一切地想要起飞。这个

雅各布·范·赞腾是荷兰皇家航空的代言人。他在他们公司的各种广告活动中担当主角，被认为是"最好中的最好"。

主要的行业变化

从每一次空难中人们都可以吸取教训，但洛斯罗迪欧斯机场的事故改变了整个行业。改变发生在两个方面。首先，控制塔台和飞行员之间需要使用标准化的语言。其次，机长是绝对权威的文化需要改变。令人鼓舞的是，变革之后如果副机长或其他机组成员对机长的决定有异议，他们可以直接提出。

来自荷兰、西班牙和美国的专家们对特纳里夫岛机场事故进行了调查，他们都对控制塔台与飞行员沟通的方式提出了批评。这并不是控制塔台操作人员说的英语有西班牙口音或是荷兰皇家航空公司的机组人员说英语有荷兰口音的问题，而是"是什么"和"不是什么"没有说清楚的问题。无线电通讯的失败也加剧了当时事态

的发展。

飞行数据记录器的文字记录告诉调查人员，控制塔台的操作人员使用了容易导致误解的词汇和短语。不仅如此，他们有时会把航班号搞错，而且似乎犹豫不决。例如，"ok"这个词就不是航空领域的标准用语。它表意含糊不清且容易造成潜在的灾难性后果。但两组飞行员和控制塔台都在使用这个词。当克拉斯·默尔斯用无线电通知塔台他们正在"起飞"时，控制塔台的操作人员将其解释为"在起飞位置等待许可"，他们的回答是"好的"。13秒后，近600人死亡。

另外据称，在飞行数据记录器的背景噪声里可以听到控制塔台的操作人员在听收音机里播放的足球比赛。

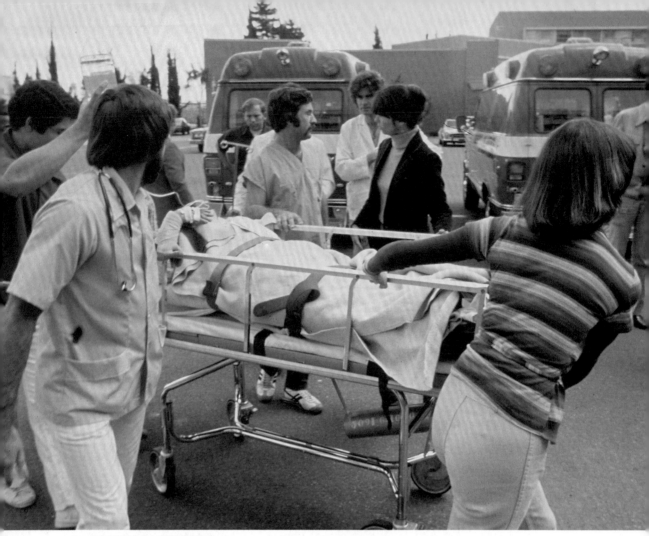

▲ 一名幸存者被急救人员紧急送往医院

戏剧性的行动造成了机尾剧烈的震动,拖拽机尾后端砸向地面。4805航班的机头几乎有足够的动力飞离地面,但它的机身、引擎和机翼倾斜着冲向1736航班。对一些人来说,死亡只是一瞬间。4805航班此时着火了,它轻微翻滚,撞进了飞机跑道,滑行了200米才停止。在一连串的爆炸中,男人、女人和孩子都被火焰包围着。在洛斯罗迪欧斯机场上空盘旋的飞机通过无线电联系控制塔台,告诉塔台他们看到一个巨大的火球呼啸着冲向天空,黑烟滚滚升起。

泛美航空公司1736航班副机长鲍勃·布拉格称撞击的那一刻给人一种错觉。他只听到一阵震动和"砰"的一声。难道荷兰皇家航空公司的飞机仅仅是撞毁了他所驾驶飞机的机身顶部?

但当他转过身时,他的大脑才意识到那恐怖的程度。这架大型喷气式飞机的整个机顶都被切掉了。他可以一直看到机尾。那些位于机舱后面、中间和前面的绝大多数人当场死亡。即使没有当场死亡,他们也会因缺氧窒息而死,因为火焰吞噬了飞机内部,造成坍塌。61名1736航班的乘客,他们的生活在几秒钟前还非常正常,但此时他们正面对生命中一个重大而又深远的变化,他们感到茫然无措。一些人开始了自救,他们用一扇通往右翼并已经倒塌的机门为掩护躲避火势。此时他们必须迅速行动,因为机身和机翼已经快要折断。许多人跳下飞机,一些人跳到下面的草地上时摔断了骨头。

1736航班机长维克多·格拉布从驾驶舱内

跌出，一路跌到头等舱。地板塌陷了，他继续往下走，进入了货物区。他的胳膊和腿已被严重烧伤。但他活了下来。幸存者们聚集在泛美航空公司大型喷气式客机旁的草地上，一些人因为受伤而极度痛苦，另一些人毫发无损，但仍在努力理解几分钟前发生的事情。

对于范·赞腾来说，第一个改写人生的错误就是在特纳里夫岛给飞机加油。他的副机长向他提出质疑，因为飞往拉斯帕尔马斯的飞行时间只有25分钟。但是质疑没能阻止范·赞腾，反而加剧了范·赞腾的怒气。他认为拉斯帕尔马斯的交通将是非常繁忙的，他们的飞机需要在那里待命飞行，而此时加油是节省时间的做法。荷兰皇家航空公司的4805航班上装载了55500升燃料，这些燃料足够让这架巨型喷气式飞机一直飞回阿姆斯特丹。补充燃料的决定使一切无法挽回。55500升喷气燃料在撞击时着火，使情况急剧恶化。

当4805航班退回到跑道上时，天气发生了变化，能见度几乎降为零。4805航班开始调头，准备不再等待，而是直接起飞。令人难以置信的是，范·赞腾开始推下推进器。在副机长克拉斯·默尔斯（Klaas Meurs）的严厉批评下，范·赞腾简短地命令他用无线电通知塔台，并寻求许可。然而他们从控制塔台操作员那里得到的却是起飞之后的飞行路线指示。

范·赞腾旁若无人地又一次踩着油门往前冲。飞机起飞了。至此，一切都无法挽回了。从黑匣子里可以听到，范·赞腾在回答机组人员询问是否已经起飞时说："哦，是的。"他其实并不知道答案，也不可能知道了。飞行数据记录器捕捉到的最后声音是尖叫声……

概况

- 死亡人数: 57 人
- 华盛顿, 美国
- 1980 年 5 月 18 日

圣海伦斯火山喷发是第一批被广泛拍摄的火山喷发之一, 它伴随着有记录以来最大的一次山体滑坡。

圣海伦斯火山喷发

当凯瑟琳·希克森目睹了1980年圣海伦斯火山喷发时，
她学会了防患于未然。这永远改变了她的生活。

现在这里出奇的安静。在远方，大约14千米以西的圣海伦斯山——人们常常认为它是最对称的山脉——在它覆盖着雪纹的山顶上正冒着大股大股的蒸汽。这座位于华盛顿州西南部的2950米高的火山，已经被唤醒。自1980年3月初以来，它经历了一系列的地震，其中一次地震的震级为4.2级。尽管这打破了这座美国火山的宁静，并在其北面洞开了两个裂缝，但至少从凯瑟琳·希克森（Catherine Hickson）所站的地方看去，这里仍然一片寂静祥和。

在内心深处，这个地质系的大学三年级学生感到非常兴奋，如此兴奋的人不止她一个。游客、记者和科学家——既有专业的，也有业余的——纷纷涌向该地区，希望能饱览圣海伦斯火山喷发的全貌。然而，就在他们争夺最佳位置的同时，由于许多居民拒绝离开家园，引发了一些争论。此时希克森已经在一个直对火山的偏远采石场占据了位置。她决定周末去露营，只有她的丈夫保罗（Paul）陪着她，他们从温哥华的家驱车7个小时来到这里。

对她来说，这是一件很简单的事。"地质系的每个人都在谈论它，我对火山和火山学很感兴趣，"她说，"这是美国南部第一次发生活火山活动，因为它离我们很近，所以我们必须去。"这对夫妇在5月16日星期五离开了家，当他们接近目的地时，发现了一条森林小路——一条由在该地区经营的伐木公司开辟的未向公众开放的小路。"我们顺着火山东侧走，发现了一个地方，那是一块平地，人们一直在这里挖碎石。那天是加拿大维多利亚日的长周末，所以我们可以一直待到星期一。"事实证明，他们并不需要在那里待那么长时间。

希克森开始坐立不安。"我们可以清楚地看到圣海伦斯山，天气很好，非常热。我们可以看到

山顶上的蒸汽，但周六下午太安静了。我曾建议我们去别的地方，但没有去。"第二天，他们起得很早，早餐是鸡蛋和培根。然后，在上午8点32分，他们一起坐在房车里，用望远镜近距离观察火山。就在那时，他们经历了5.1级的地震。

比希克森夫妇更靠近火山的是监测小组的首席科学家戴维·约翰斯顿（David Johnston）。他的观察哨离火山有10千米远。他确信美国地质勘探局记录的地震活动预示着一次即将到来的火山大喷发。他在山脊上的这段时间里，注意到了圣海伦斯山的变化。这座山的结构变化主要发生在3月27日的潜水式喷发，这次喷发将火山灰喷向了2134米的高空之后，火山口已经被疏通开，并产生了第二个火山口。但一些规模相对较小的火山喷发仍在继续。在几周内，火山北侧出现了一个凸起，这个凸起被称为潜圆丘，它每天会增高两米。"温哥华！温哥华！"当钟表指针指向上午8点32分时，约翰斯顿感到了巨大的隆隆声。他对着收音机喊道："火山爆发了！"

希克森和她的丈夫目不转睛地盯着火山。几秒钟后，他们一直在等待的戏剧性场面上演了。

希克森说："火山东北部的整个板块都被推了出来，山体变陡了，山脉断裂了。""岩浆从内部升起，通过火山山体的薄弱之处，向外施加压力，但现在重力起了作用。"

这对夫妇看得入了迷。"我们看到了这次喷发，也观察到了滑坡。"她说，"当岩浆沿着火山一侧向下流动时，释放出压力。"山体北面土崩瓦解，山体下滑，下落的碎片的速度高达每小时250千米。

天空中乌云密布，整个地区陷入一片黑暗之中。超过2.5立方千米的沉积物向北部山脊和西部山谷倾泻而下。"这是有史以来最大的山体滑坡，"希克森说，"有几千米长的物质从山上滑下来——人们没有意识到这与火山喷发有关。"

随着北侧的暴露和潜圆丘的消失，呈现层状的火山岩浆系统突然降压。火山在山顶喷发，随着滑坡的蔓延，又发生了第二次喷发。"喷发通道被堵塞了。"希克森说。经过100年的沉寂，圣海伦斯火山以最具戏剧性的方式复活了。它不是向上喷发，而是向侧面喷发，让所有正在观看的人都感到惊讶。侧向喷发的速度为每小时482

千米，火山灰被抛向约2.5万米高的空中。

火山碎屑流急速涌动，高温气体、火山灰和岩石的温度达到了350摄氏度。在几分钟内，370平方千米的地区被夷为平地，摧毁了数百座房屋，摧毁了桥梁，火山灰迅速向外蔓延。25千米外的树木被推倒，天空中乌云密布，整个地区陷入一片黑暗。空中是咆哮和隆隆的混合声。希克森说："一开始非常令人兴奋。这是一件令人惊奇的事。基本上可以说火山的一大块山体滑走了，然后发生了这次不可思议的喷发。"

这造成了可怕的人员伤亡。火山喷发后，周围地区被毁，57人当场死亡。约翰斯顿是其中之一，当时火山喷发辐射13千米的直接爆炸区域被证明是致命的。据说这次爆炸相当于24兆吨的TNT，即使是在更远的地方也不安全。"我们不得不逃命。"希克森说，"当山体发生滑坡时，北侧山体整个裸露在外，留下了一个大扶壁。这次爆炸向北喷发远达32千米，喷发物从我们前方的斜坡上滚下，朝我们的方向扑面而来。那时我们才意识到我们非常危险。"当他们以极快的速度向南行驶时，希克森看到了他们车

天空中乌云密布，整个地区陷入一片黑暗。

科学家们继续监测圣海伦斯火山，希望了解火山喷发的原因。2016年6月，布里斯托尔大学（University of Bristol）地球科学学院（School of Earth Sciences）的首席研究员乔恩·布伦迪（Jon Blundy）教授表示，他认为岩浆中可确定日期的晶体的数量的增加可能意味着火山不稳定，有可能会导致喷发。

他告诉我们："这些晶体被划分成不同的区域，它们长得有点像年轮——你可以利用这些分区模式特征来判断出压力、温度和时间的全方面的信息，这些晶体是导致火山喷发的原因。"来自圣海伦斯火山的数据显示，这些晶体早期产生在12千米或14千米深的地方，你可以将其描述为一团长期存在的岩浆。这些大量的岩浆可能已经存在了数十年、数百年或数千年。"

利用这些晶体，科学家们应该能够计算出岩浆移动的地点和时间。他说："我们注意到，岩浆在几年的时间里移动了四五千米，然后即将爆发。我们可以看出，岩浆迅速向上的运动预示着未来几年这座火山可能继续喷发。"这样的想法是至关重要的，因为可通过它在火山喷发前很好地预测喷发的时间，为制订充足的预警和疏散计划提供了依据。他说："圣海伦斯火山有很多方面都适合研究。"

"我很幸运能看到圣海伦斯火山，因为它是一座纯粹的火山。它喷发的几个月前，我开始在大学学习地质学，所以这对我来说很重要。"布伦迪补充说。

后的云层。她丈夫的照相机曾被用来拍摄火山喷发的过程，但此时她丈夫正在尽最大努力躲避因地震而掉落且挡住道路的岩石。

虽然雨水滂沱，雨水夹杂着泥土，但他们还是继续了两个小时的车程。当他们后来回到临时营地时，火山喷发已经波及了这里。"这里被一场冰雹和几厘米厚的火山灰覆盖住。"她说，"我很高兴我们没有试图留下来。"然而那一天却永远地留在了她心里。她的专业是地质学，而现在，这位当时正在学习沉积学的学生已经是加拿大最著名的火山学家了。

火山喷发后，这座山的高度从2950米下降到2550米，从华盛顿州的第五高峰降到第52位。火山喷发也永远地改变了这里的地貌，动物大量死亡，土壤流失，清澈的湖泊变得肮脏浑浊。汽车陷在地里，几乎与地面融为一体。

卡特总统在火山喷发后访问了该地区。在一次新闻发布会上，他告诉记者：

"我不知道该地区需要多长时间才能恢复正常交通。巨大的冰块表面上仍然覆盖着数百英尺厚的蓬松的粉状火山灰。当这些冰块在高温条件下融化时，会发生巨大面积的塌方。水蒸气升腾，附近有几处着火点。有人说这里像月球表面，但它比我在月球表面的照片中看到的任何东西都要糟糕得多。"

尽管火山喷发对当地工业造成了11亿美元的损失，但对火山学专家来说，该地区已经变得至关重要，尤其是自圣海伦斯火山发生多次小规模喷发以来。然而，逝去的生命并没有被遗忘：位于温哥华的美国地质勘探局（US Geological Survey office）更名为约翰斯顿瀑布火山观测台（David A Johnston Cascades Volcano Observatory），1997年的约翰斯顿岭观测站（Johnston Ridge Observatory）被修建在距离火山口约9千米远的地方，从它的游客中心能看到优美的景色。

"从科学的观点来看，圣海伦斯火山喷发十分重要。"希克森说，"部分原因是地质板块崩塌，巨大的山体滑坡导致岩浆室上部坍塌，导致了侧向爆炸而不是垂直喷发。"希克森最终完成了一篇

▲ 华盛顿国民警卫队在救援工作中发挥了重要作用

▲ 火山喷发后圣灵湖（Spirit Lake）周围茂密的森林消失了

关于火山碎屑沉积的本科论文，详细描述了火山喷发出的火山岩碎片和湍流气体的流化质量。

"这座火山对我们了解这些成层火山是如何喷发的有很大贡献。"她在谈到由熔岩和火山灰交替层构成的火山时说，"当科学家们回顾圣海伦斯火山的地震记录时，他们发现地震活动在火山爆发前几年就已经开始了。他们还了解了山顶积雪和冰川的相互作用。岩浆融化了冰和雪，在潜圆丘周围形成了一种非常饱和的物质。这是前所未有的。"

圣海伦斯火山仍然很活跃，在2004年到2008年有大量的活动，并产生了大量的蒸汽和火山灰，远至西雅图都可以看到。它崎岖的地形和富有挑战性的斜坡也很受登山爱好者的欢迎。但希克森永远不会忘记1980年的那一天。"我总是说，如果有什么东西差点要了你的命，那最好还是再多了解一下吧。"

欢乐与痛苦

圣海伦斯火山的喷发永远改变了它的外观。第一个值得注意的特征是潜圆丘的出现，它是由从地表喷出的黏性岩浆引起的侧面隆起。这改变了山北侧的形状，导致了火山的不稳定。

当潜圆丘崩塌并造成山体滑坡时，北侧山体被移走，引发了强烈的火山喷发。从火山侧面发生的两次喷发，喷出了超过30千米长的侧喷热物质，岩浆向上扩展到火山口的开口位置，其中一次火山喷发将火山灰柱直接向上喷射了25千米。火山灰云在三天内席卷了北美。

当火山稳定下来后，它的高度显著下降，呈现出完全不同的面貌。灾难过后，这里的生命迹象正在慢慢地复苏。多亏了积雪和植被的保护，树木才得以重新生长。麋鹿和鹿也开始归来。但这并不是火山活动的结束：在2004年到2008年，岩浆逐渐喷出，形成了一个新的熔岩丘。

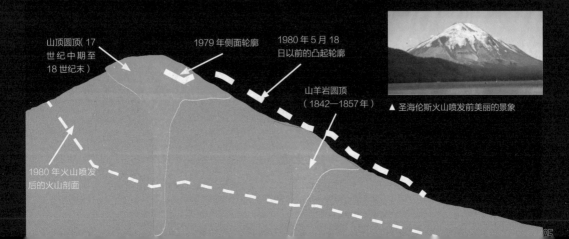
山顶圆顶（17世纪中期至18世纪末）　1979年侧面轮廓　1980年5月18日以前的凸起轮廓　山羊岩圆顶（1842—1857年）　1980年火山喷发后的火山剖面

▲ 圣海伦斯火山喷发前美丽的景象

概况

■ 死亡人数: 300—400 人
■ 索伦特海峡, 英国
■ 1545 年 7 月 19 日

这场灾难的规模之大、其背后的神秘原因以及它留下的线索,使"玛丽玫瑰号"的沉没成为都铎王朝历史上的关键事件之一。

"玛丽玫瑰号"
沉没

这艘著名的都铎王朝战舰是亨利八世的得意之作，但是为什么他的旗舰船会在索伦特海峡突然沉没呢？

RICHARD SCHLECHT

当"玛丽玫瑰号"最后遗留的部分被它曾试图征服的大海所吞没时，船上那些幸存的人不可能知道这些会成为英国伟大的都铎王朝时期的考古遗迹。许久之后它们会被保护起来，被20世纪的历史学家惊叹和分析了几十年。这场意外的、也许是完全可以避免的灾难是罕见的。"玛丽玫瑰号"因为承载了丰富的历史文物而成为英国（也许是世界上）最著名的沉船之一，而且它的神秘故事总是让历史爱好者和专家们着迷。当我们提出一个听起来很简单的问题——"是什么击沉了'玛丽玫瑰号'？"时，答案却莫衷一是。

关于"玛丽玫瑰号"，我们所知道的就是它是一支亨利八世组建的新海军的一员。亨利继位时，他所拥有的舰队规模很小。他想要改良舰队以应对即将到来的许多战争。在战争期间许多战船沉没了，其中之一是"玛丽玫瑰号"，还有一艘是"彼得石榴号"。历史学家仍在争论"玛丽玫瑰号"是借用了谁的名字（如果真的是以某人的名字命名的，那这在当时并不是常规的做法）。虽然有一种流行的观点认为这个名字来源于亨利的妹妹玛丽·都铎，但也有一种更普遍的观点认为这个名字来自圣母玛丽亚，这与彼得·石榴这个名字相得益彰，因为石榴是复活和永恒生命的象征——通常与耶稣基督有关。在一些有圣母和圣婴的画像中，水果甚至会出现在圣婴的手中。另外石榴也是阿拉贡王朝的象征。为了加强政治联盟，亨利娶了阿拉贡的凯瑟琳为妻。离婚后，亨利将"彼得石榴号"改名为"彼得号"。

但关于这艘船的谜团并不仅限于船名的由来。1545年7月19日，"玛丽玫瑰号"突然沉没。从1512年到1545年，"玛丽玫瑰号"经历了三次辉煌的英法战争（其间经过休整和重建），但它在索伦特战役中被戏剧性地击沉，这让法国人又惊又喜。这是一场实力不均的战斗——法国舰队有128艘船，而亨利的战舰只有80艘，很快，其中一艘著名的舰船就沉没了。

法国方面对这场战争的描述是：7月19日上午，经过两天的战斗，双方都没有遭受实质性的损失。法国战船试图把英国战船从相对安全的索伦特海峡引到对他们有利的火力范围内。那天天气一直都很平静，但突然间，"玛丽玫瑰号"开始下沉。

英国方面的记录却略有不同。亨利八世在"玛丽玫瑰号"沉没的前一晚曾与海军上将莱尔子爵在整个舰队的宠儿"亨利号"上共进晚餐。在晚宴上，亨利把"玛丽玫瑰号"授予乔治·卡鲁（George Carew）指挥。"玛丽玫瑰号"是舰队里仅次于"亨利号"的第二大战舰。卡鲁被提任为舰队副司令，这个高位令他陶醉。但他一点也不知道，他即将掌管的是一艘注定要失败的战舰。一些记载称，当"玛丽玫瑰号"沉没时，亨利八世就在南海城堡看着，今天我们只能想象他看着自己的舰船莫名其妙地沉没时的心情。

不管是英国方面的记载，还是法国方面的记载，问题的症结仍然是：是什么原因导致了这艘战舰滑下了深渊？关于这艘战舰的沉没和船员死亡的原因主要有四种解释。第一种说法是源于之前提到过的法国对整个事件的描述。一个法国骑兵军官称，因为法军在迫使英军深入到斯皮班克堡浅水区时，法军进行了火力猛攻，这导致了船的沉没。如果是炮弹落在船身底部，水就会不可避免地灌进船身，造成船身失去平衡，最后造成船身倾倒。

第二种说法是，这艘战舰超载了，要么是枪支超载，要么是人员超载，或者两者都有。在1522年至1535年，这艘战舰进行升级改造时，增加了约100吨的额外运力。此外它所有的缝隙都被填补，船体被翻新，还增加了额外的支架，这些都表明"玛丽玫瑰号"要在将来承受更重的载荷。

我们不能确定船体进行了哪些改造，但有迹象表明，备用的炮口全部被截去，以允许使用更大的火力。然而，人们普遍认为不太可能是因为火药超载导致了船体倾覆，因为这艘船从伦敦出发后，整个航程都非常顺利。

在这场灾难中，士兵超载是一个更有可能的因素。这艘船的设计载客量为400人，但报告称船上有700人。可以想象，当船突然开始下沉时，船员和士兵们是多么惊慌失措，他们就像沙丁鱼一样挤在一起，根本没有逃生的途径。对于三百年后发现船上人员遗体的水下考古学家来说（1836年当地渔民再次发现了残骸，1965年亚历山大·麦基领导的当地潜水队确认了船的第一部分），这艘船确实令人震惊而又兴奋。

第三种可能的解释是人为错误引发了灾难性后果，并终结了这艘战舰。很有可能是在战场中心，一名船员让本该有人防守的位置门户大开或者没能关闭一个炮口盖。

对于夺走那么多生命的灾难来说，最后一个说法似乎有点过于简单了。这种观点认为，战舰

▲ 在这幅画中画了圣母玛利亚、圣婴和石榴，这可能是"彼得石榴号"名字的由来

▲ 委任"玛丽玫瑰号"指挥官时的亨利八世的肖像

打算转向，以使用另一侧火力，而此时突然刮来一阵狂风，使战舰倾覆。

不管以上哪一个是决定性因素，我们都知道，在船体最初倾斜之后，海水从炮口涌了进来，就此注定了这艘战舰和船员们的命运。

彼得·马斯登博士是一位专门研究都铎王朝船只的历史学家和考古学家，也是《玛丽玫瑰号：最高贵的船》一书的编辑。他在这本书中仔细研究了所有我们已知的关于这艘船的情况，并相信最可能造成灾难的原因非常简单。他告诉我们："似乎这就是1545年沉船的原因。原因很简单，在一个微风徐徐的日子里，这艘战舰正向一艘法国军舰开火，在炮眼打开的时候，突然一阵突如其来的大风把船吹翻了，然后海水涌进船里，船沉没了。"这与极少数的目击者对这起悲剧的描述相符，一名目击者称，这艘船发射了所有的炮弹，为了使用另一侧的火力，它开始转弯，就在此时一阵狂风突然袭击了它。

然而，马斯登博士更倾向于认为是沟通不畅和人为错误才导致最终悲剧的发生："也有可能是，有很多不会说英语的外国人，他们因听不懂英语命令，把问题弄得更糟。"

对"玛丽玫瑰号"上发现的尸体骨架进行的分析显示，船上的一些人不是英国人，而是地中海或欧洲大陆人的后裔。这可能会造成致命的语言障碍，使船员更难以执行命令。然而，分析也表明，大多数男性来自英格兰西部。据说，"玛丽玫瑰号"上的海军上将乔治·卡鲁爵士在混乱中大叫，说他负责的是"那种我无法控制的无赖"，这也许说明这些人不听指挥或者不太熟悉船上的工作。

有一幅图片描绘了船上人员最后几个小时陷入一片混乱、恐慌和绝望的情景。船员因不服从命令而落水，以及船员之间因语言不通而无法

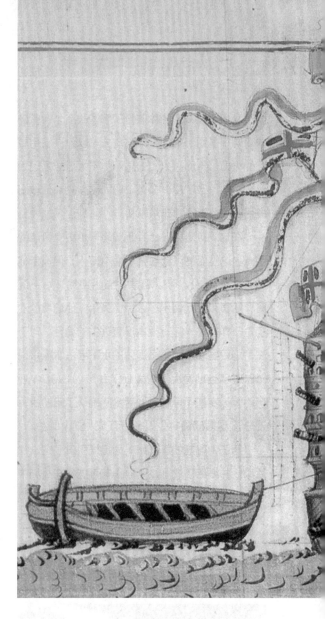

沉船上有许多当年船上成员的遗体，这些对于水下考古学家们而言是十分重要的。

沟通。

在那个时候，男性的文盲率高得惊人，尤其在有机会出人头地的航海业中。根据伊丽莎白一世（Elizabeth I）1558年登基时的一项教育

三场与法国的战争

      "玛丽玫瑰号"在索伦特海峡上航行是因为一场战略性的战役，这是它与法国的三场战争中的最后一场。第一场战争是在1512年，由亨利八世的舰队总司令爱德华·霍华德爵士率领，"玛丽玫瑰号"是他的旗舰船。这艘船袭击了布列塔尼，捕获了12艘布列塔尼船只。这次成功之后，亨利八世回到南安普顿，在该船再次驶向布雷斯特参加圣马蒂厄海战之前，他亲自登上这艘船，进行了短暂的访问，给这艘战舰带来了荣耀。之后"玛丽玫瑰号"也取得了成功。很显然，早期的"玛丽玫瑰号"是一艘令人生畏的战舰。

      在此之后，这艘战舰参加了一场小型战役，它在弗洛登菲尔德战役中负责将军队运送到纽卡斯尔。1513年秋，亨利八世的妹妹玛丽嫁给了法国国王路易十二，暂时结束了两国战争。到1522年，英法之间平静的关系已经宣告结束。7月1日，"玛丽玫瑰号"再次出发，准备夺取布列塔尼的莫尔莱港。它势如破竹，胜利返回达特茅斯。1525年苏格兰人与英格兰人的联合舰队又一次胜利，帕维亚战役结束了整个战争。这一系列战争中的第三场是在1545年。由于亨利八世在与罗马决裂后处于不利处境，1544年他对神圣罗马帝国皇帝查理五世做出承诺，旨在结成政治联盟。但查理与法国人订立了自己的协定，留下亨利独自开战——这场战争终结了"玛丽玫瑰号"。

"玛丽玫瑰号"内部

从索伦特海峡深处捞起的"玛丽玫瑰号"为考古学家和历史学家提供了关于都铎王朝船只运行方面的信息。这些信息令人难以置信。在船上发现的物品，如长弓和木制工具，都让人们可以更加深入地了解那些随船一同沉没于海底的人们是怎样生活的。

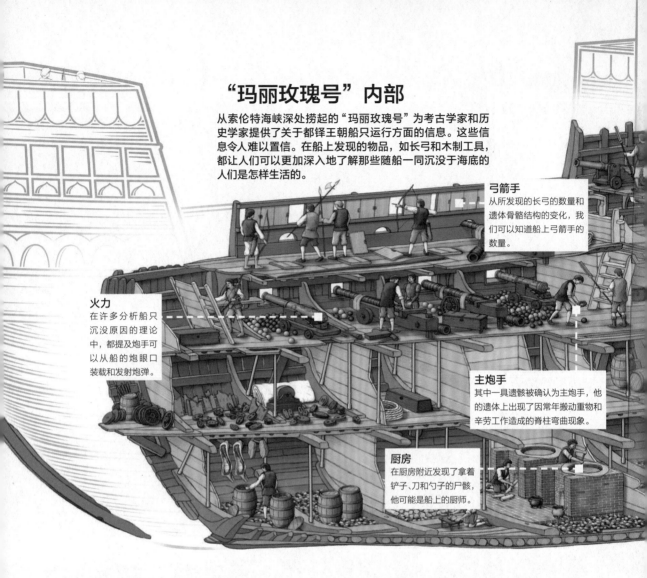

弓箭手
从所发现的长弓的数量和遗体骨骼结构的变化，我们可以知道船上弓箭手的数量。

火力
在许多分析船只沉没原因的理论中，都提及炮手可以从船的炮眼口装载和发射炮弹。

主炮手
其中一具遗骸被确认为主炮手，他的遗体上出现了因常年搬动重物和辛劳工作造成的脊柱弯曲现象。

厨房
在厨房附近发现了拿着铲子、刀和勺子的尸骸，他可能是船上的厨师。

研究显示，大约只有20%的男性人口受过教育。在船上发现的带有字母的人工制品——例如，一个刀柄和一台刻着字母"W"的挖沟机，以及一个反刻着字母"N"的勺子——表明，船上的人至少能读懂字母。但是，仅仅凭借这些发现，我们无法真正了解船员的文化水平或能力。

最后，马斯登博士指出办事不利成为了船只沉没的催化剂："船上做事效率很低，关闭炮口非常不及时，因此无法及时做出反应来避免侧倾。"所以一旦汹涌的海水涌入炮口，就没有机会阻止它——或者阻止船下沉。

类似船舶的设计是否合理这样的问题引出了另外一种思路——是否应该加强措施来保证船员的安全？但船员的安全是热衷于战争的国王或船舶设计者和建造者们考虑的因素吗？

马斯登博士告诉我们，"当然，在那个时代，安全是一个至关重要的考虑因素，但作为航海技术正在飞速发展的时代，船上有一些危险的薄弱区域还没有得到关注。例如，打开和关闭主甲板上的炮口盖的系统是由在上层甲板上拉绳索的人操作的，而不是像后来由主甲板炮手自己操作，这种设计在'胜利号'战舰上可以看到。"这意味着通信将会很困难，由于炮口盖操作人员距离他们正在处理的设备很远，视线可能会受到遮挡，所以任何问题都需要更长的时间来解决。考虑到炮口关闭缓慢是造成沉船的一个原因，后来

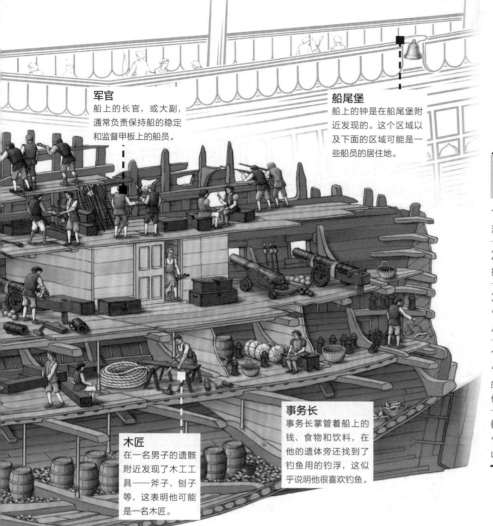

军官
船上的长官，或大副，通常负责保持船的稳定和监督甲板上的船员。

船尾堡
船上的钟是在船尾堡附近发现的。这个区域以及下面的区域可能是一些船员的居住地。

木匠
在一名男子的遗骸附近发现了木工工具——斧子、刨子等，这表明他可能是一名木匠。

事务长
事务长掌管着船上的钱、食物和饮料，在他的遗体旁还找到了钓鱼用的钓浮，这似乎说明他很喜欢钓鱼。

"玛丽玫瑰号"沉没不久，一种新型大帆船战舰问世了。

就由主甲板上的人员来操作炮口盖。这一个简单的创新，对"玛丽玫瑰号"来说为时已晚。

另一个让人担心的问题是，船上甲板周围安装了实际上是"活板门"的装置，这在船员们的日常工作中，也经常引发事故。马斯登博士花了大量时间研究沉船残骸，他指出："甲板中间的舱口没有栅栏，只有简单的木盖。这意味着当舱门打开时，在昏暗的灯光下，人们可能不会注意

▼ 当"玛丽玫瑰号"沉没时，乔治·卡鲁是负责指挥的海军上将

▲ 打捞"玛丽玫瑰号"是一起真正重大的事件

到甲板上的洞，可能会掉下去摔断一根骨头。"以今天的安全监管标准来看，这很明显是个安全隐患，但在 16 世纪，这只是平常的小事而已。

然而，事情很快就改变了。"还有其他的问题，但是在'玛丽玫瑰号'（这种战舰被称为三桅全横帆战舰船）沉没后不久，一种新型大帆船战舰问世了。这解决了很多问题。"马斯登博士告诉我们。新型大帆船在许多方面进行了改进——原先的三桅全横帆船又宽又大且不容易驾驶，相比之下，新型大帆船更窄、更长，使得操

所有打捞上来的文物让我们了解了早期皇家海军最大战舰上的独特生活。

控变得更加平稳。在大多数情况下，甲板上还设计有船堡，在船头和船尾都有。这些船堡高出甲板，可用于日常工作或战斗。另一方面，新型大帆船的甲板是平的，任何船堡都位于甲板区域的更深处，这样就留出一个更长的三角形船尾，使之更符合空气动力学，易于驾驶。

由于"玛丽玫瑰号"是出现在航船技术大发展之前，因此，它对考古来说非常有价值。事实上，它从 1982 年在海底又一次被人发现以后，一直被较好地保存着。它离英国海岸很近，水下

一只叫哈奇的狗

都铎王朝的船只上到处都是老鼠，这就需要驯养动物来控制老鼠的数量。虽然传统上人们认为这是猫的工作，但"玛丽玫瑰号"和其他类似的船只都使用狗来做此项工作。我们之所以知道这些，是因为在船上发现了这只昵称为哈奇的狗的遗骸。老鼠对于猫来说太大了，以至于无法捕捉和杀死它们；那些在船上的老鼠非常凶猛，这使得狗成为消除这些祸害的更合适的选择。此外，1484 年，教皇伊诺森特八世（Pope Innocent VIII）宣布猫为不洁之物，因为猫被认为是女巫的同谋，这导致人们认为猫是"不吉利的"。这种观点大约在 200 年后才在英国消失。

分析表明，这只狗是雄性的，是早期的梗类犬——尽管据我们所知，梗类犬在 1545 年之后的船只上才有发现。这只狗死的时候只有 18 个月到 2 岁，还穿着一件棕色的外套。从某种程度上说，它是船员中最年轻的一位（船员部分遗体已确认为 13 岁）。

为确定船上这只狗的细节，来自朴茨茅斯大学、苏格兰皇家动物学会、英国皇家理工学院、英国杜伦大学、伦敦国王学院牙科研究所、"玛丽玫瑰号"信托的专家们从哈奇的牙齿里提取了 DNA 进行分析。他们发现哈奇患有一种遗传性疾病——高尿酸血症，这是一种会导致肾结石和膀胱结石的疾病。以前普遍认为这个品种的狗是现代品种杂交出来的，但现在这个结果也许能够证明这个品种的狗早在犬类大杂交之前就普遍存在了。

的保存水平令人印象深刻。通过"玛丽玫瑰号"，也许我们可以对16世纪都铎王朝的生活和海上生活做更全面的了解。

尽管围绕这艘船还有很多未解之谜，但它也帮助历史学家揭开了那段时期的很多谜团。由于船上所有的人都在同一天由于同样的原因死去，所以它提供了一组特定人群（在这里是特定职业）在特定时间的罕见快照。已发现的92具骨架几乎是完整的，这让人们对当时海员的体型有了前所未有的了解。他们的牙齿也非常有用，可以让我们更全面地了解当时人们的饮食情况——其中一具遗骸的牙齿中甚至含有微量的种子，这可以让分析人员对该男子死亡当天的饮食情况有一个具体的了解。

在打捞残骸后的20年里，对它的分析并没有放缓，研究人员继续研究这些残骸的血型、DNA信息和骨骼特征。在这一过程中，研究人员通过识别出一种特殊的骨骼状况，确认了船上的弓箭手，通过辨认由于长期辛苦劳作而造成的骨化（后天形成的新骨骼），确认了炮组成员，并根据胸部装有金银币这一特征辨认出了船上的事务长——当船沉没的时候，他被困在自己的船舱里。

马斯登博士深知"玛丽玫瑰号"上的考古发现的重要性，他告诉我们："打捞上来的全部文物让我们对早期皇家海军最大战舰上的生活有了独特的看法。"那么在他看来，哪一项发现最有启发性呢？他的选择是如何辨认出这艘船上的每个人，这是一个令人着迷的难题："如果你真想让我找到一件比其他事情更令人兴奋的事，那就是在倒塌的船尾堡里发现了一具带有丝绸纽扣的骨架。当时法律规定只有贵族才能穿丝绸服装，所以很有可能我们发现的这具遗骸是个贵族。"

这些纽扣与尸骸非常近，这足以表明，这具遗骸的主人可能是船上我们今天唯一能叫出名字的人。马斯登博士告诉我们："只有两个贵族当时在船上——乔治·卡鲁爵士和罗杰·格伦维尔爵士。""也许将来，就像我们为了确认理查德三世国王的身份所做的那样，DNA研究可以告诉我们他到底是谁。"

沉船上最重要的发现之一是收集了137把完整的长弓和数千支箭，这让军事历史学家对长弓和弓箭手在当时战争中的重要性有了进一步的了解。对遗骸骨头的分析表明，一些人患有肩峰骨症。这种疾病在现代的职业弓箭手身上仍然可以看到，这表明，出现这种症状的遗骸生前应该是船上的弓箭手。为进一步了解长弓在"玛丽玫瑰号"上的使用情况，科学家和历史学家（还有著名的英国演员罗伯特·哈迪，该国最有经验的长弓专家）对这些保存下来的长弓进行了测试，以检测弓箭的灵活性和力量，以及在何种情况下它们会折断。有这么多前所未有的展品实物，他们能够充分测试这种都铎时代武器的性能。他们发现这些武器的牵引重量高达82千克，这实在令人难以置信。

自这艘战舰从海底被打捞出来开始，就已经有很多此类发现。从来没有一艘沉船像"玛丽玫瑰号"那样，可以解答有关它那个时代的诸多疑问，也从来没有一艘沉船像它那样留下了那么多未解之谜。虽然对于那些看似无缘无故、也许是被一阵风给害死的人来说，时间的流逝并没有给他们带来多大的慰藉，但他们的逝去的确令世人瞩目。如果没有他们，我们对16世纪的海员和都铎王朝的生活可能会有另一番理解。

海地地震

2010 年，一个对热带气候习以为常的贫困国家，被一场地震击垮了。

2008 年 3 月，5 名科学家正在多米尼加共和国的圣多明各参加第 18 届加勒比海地质会议。从地震活动到碳氢化合物的产生，人们事无巨细地讨论了所有关于地质问题的话题。加勒比地区地质活动频繁，给人们提供了丰富多彩的素材进行讨论。但这 5 个人并不是来分享好消息的。他们的研究得出了一些令人惊恐的结论。他们来到多米尼加共和国不是来分享他们的数据，而是来试图说服政府相信，有一件翻天覆地的事情即将发生：伊斯帕尼奥拉岛的两个主要东西走向的走滑断层带（在南部的恩里基洛-芭蕉花园断层带和在北方的北部断层带）之间产生了断裂，这将会引发一场大地震。

通过读取一系列的 GPS 数据，这个研究小组预测出该地区将遭受 7.2 级的地震。这些断层也会在海地城市太子港的地下运动，这意味着此地大多数人口聚集的地区将经历最严重的地震。当研究小组发现地震可能随时爆发，就像一颗嘀嗒作响的地质定时炸弹，几乎没有任何预警就会爆炸时，情况就更糟了。这些发现并没有被置若罔闻——实际上，海地政府的代表与科学家们会面并讨论了这些数据，但事实是，海地根本没有

概况

■ 死亡人数: 316000 人
■ 太子港, 海地
■ 2010 年 1 月 12 日

海地还没有准备好应对发生在 2010 年 1 月 12 日的 7.0 级地震。作为一个贫穷的国家, 海地无力承受地震的冲击。

时间或资源来为其公民提供任何形式的保护。

1994年东京地震后，日本开始加固建筑物，并定期进行地震演习。与日本不同，海地是一个非常贫穷的国家，根本没有能力建立任何有意义的防御体系。"我们和一些政府官员谈过这些风险，他们非常乐于接受这些观点。他们只是没有足够的时间来为这样的事情做很多准备，尤其是在海地同时面临其他紧迫问题的情况下。"该小组成员之一、西拉斐特普渡大学（Purdue University）的地质学家埃里克·加莱（Eric Calais）在2010年接受《地球》（Earth）杂志采访时回忆道。

在2010年那灾难性的一天到来之前，海地对热带气候和活跃的地质活动给当地带来的考验和磨难并不陌生。这些"紧迫的问题"数不胜数，而且经常发生。2001年至2007年，热带气旋和洪水造成当地超过1.8万人死亡，13.2万人无家可归，约640万人受灾（海地总人口约1000万）。

仅在2008年大西洋飓风季节，海地就遭受了热带风暴费伊和飓风古斯塔夫、汉娜和艾克的袭击，所有这些都在一个月内袭击了这个国家。这场热带风暴造成海地超过80万人流离失所。

人口众多的太子港、海地其他地区，乃至整个伊斯帕尼奥拉岛，就像是一个吸收撞击的沙袋那样，承受了风暴的袭击。从法国的殖民统治到独立后自给自足（自20世纪80年代以来，帮派暴力一直是一个严重的问题），海地这个国家在整个发展过程中一直经历着苦难，当该地区地下的板块在移动时，海地早已经伤痕累累了。

2010年1月12日，在漫长的一天之后，太子港和海地其他地区开始逐渐平静下来，其北至

北美板块、南至加勒比海板块的位置开始发作。当加勒比海板块从西向东移动时，这两个板块正在缓慢地相向而行。在它们之间有一组互相连接的断层带，这些断层带穿过海地——第一个断层是恩里基洛-芭蕉花园断层，它穿过海地的南部，而另一个断层北部断层正在向北穿行。这就形成了一个不寻常的地质状况，被称为"走滑"断层——类似于在加利福尼亚地下的圣安德烈亚斯断层——这意味着板块水平地相互滑动，而不是一个板块从另一个板块下面滑动。

地震发生之前，几乎没有什么预警，这主要是因为在2010年地震之前，对该地区及其地质构造的研究很少。科学家们没有足够的数据来预测事件何时发生，他们只知道它随时可能发生。因此，当地震发生时，几乎没有时间疏散人员。

下午4点53分，地震全力袭来。这一天就要结束了，但是街道上仍然挤满了人，道路上仍然到处可见汽车和人流。海地首都——太子港的建筑物开始遭受可怕的剧烈冲击。窗户玻璃瞬间粉碎，锋利的碎片像雨点般落在街道上。当海地脚下的大地以一种可怕的强度痉挛时，建筑物的墙壁破裂粉碎，随后崩塌。

在城市周围的山上，高达9层的建筑物向内坍塌，并开始向下压平，形成一股混凝土和碎石的巨浪。汽车警报到处响个不停。空气中充斥着惊恐的尖叫声和哭喊声。整面混凝土墙从原来的位置上被撕下来，像纸片一样靠在其他建筑物上。这次地震没有造成大面积的地表破裂（但在地震所过路径附近的地面上有大裂缝或裂缝），但是用修正过的麦卡利地震烈度表测量后，确认震动强度为IX级。在一个不使用任何建筑规范的国家（这意味着人们可以在任何地方建造房屋，并按自己的意愿建造，不管这有多不安全），太子港正在发生翻天覆地的变化。在被摧毁的房屋残骸中，到处都是尸体。

随着地震的减弱和余震的开始，海地很快就开始了灾后应对。然而政府对整个地区的救援很是无力，只能派遣运水的卡车给幸存者送去干净的水，组织渡轮把人们从太子港运送到附近的热雷米港和更远的避难所。在接下来的日子里，这也是引发强烈抗议的争论焦点之一。但此时在灾难的中心，在接下来的几个小时里，国际人道主义救援陆续抵达。联合国安理会通过1908号决议，决定派遣联合国稳定特派团的3500名士兵

1770年的地震

2010年的海地地震是有史以来最严重的自然灾害之一，它提醒人们，地震会带来如此大的破坏。但就其恐怖程度和规模而言，这并不是地球第一次从地心深处撼动海地的土地。

早在1770年，海地还是法国的殖民地，当时的名字是圣多明克（Saint-Domingue），这里的大多数人都是奴隶，他们的居住地就是后来的海地首都太子港。1770年6月3日下午7点45分发生的8.0级地震造成了灾难性的后果。地震的威力如此之大，以至于将太子港地下的土壤都液化了，几乎所有建筑物都倒塌了。这座

城市被夷为平地。其中一个叫作可罗斯德布凯的村庄受到了严重的冲击，整个村子下沉到了海平面以下。不久之后，一场海啸又袭击了这个岛屿。好在地震前地下传来清晰的隆隆声使得许多人在第一次地震开始之前就逃离了此地，减少了伤亡。

在这场地震中大约有250人丧生，但随之而来的后续灾难夺去了更多人的生命。太子港遭到的重创使成千上万的奴隶得以逃脱囚禁，整个地区陷入混乱。法国殖民者建立的脆弱的经济体系崩溃了，导致了灾难性的饥荒。在接下来的几个月里，超过15000人死于饥饿。

▲ 来自第 23 特殊战术中队的美国空军救援人员帮助营救一名被困在倒塌建筑物里的妇女

和警察前往当地。美国、英国、以色列、多米尼加共和国、加拿大、巴西、意大利、古巴和中国等国都派出了救援队伍。

国际社会意识到，海地根本没有足够的经济实力来发起和维持全面的救援行动，于是开始发放大量的救援资金，并帮助筹集更多的赈灾款，使之成为一次全球性的救援行动。欧盟拨出300万欧元的紧急资金，以支持最初的应对措施，随后又拨出1.22亿欧元的人道主义援助，甚至还发放了价值3000万欧元的紧急救援物资包，以确保当地有足够的食物、药品和高质量的靴子，并救援那些被困的人，保护那些在灾难中幸存下来的人。菲莉帕·杨（Philippa Young）是某慈善组织紧急粮食安全和受灾人口生计部门的负责人，她经历了那场救援。

她亲历灾难获得的第一手资料显示出海地遭受的破坏有多严重。她解释说："我大概是在地

震10天后到的。……一切还是很混乱。尸体还没有被完全清理，到处都是被破坏和摧毁的建筑物。我们宾馆的一侧有一条大裂缝。我们有40个人在宾馆的花园里露营，大家都在排队等上厕所和淋浴。银行都关门了，安全措施很严格，所以我们完全依赖办公室为我们提供食物。临时搭建的食堂每天供应100多人的食物，一段时间后食堂的运转才开始正常。刚开始的时候，早餐的供应时间是6点左右，只提供快餐。午餐直到下午3点左右才开始供应。但那时我们并没有感觉到饥饿，因为每个人都在靠肾上腺素支撑着，那是一种亢奋的状态。"

尽管整座城市到处都是死亡和废墟，但海地人民并没有被这场灾难击垮。事实上，当每个人都在清理废墟、营救被困人员时，菲莉帕·杨看到了一种鼓舞人心的团结和人们对逝者的怀念。"两名办公人员在地震中丧生了，几天后我来到

这里，发现这里有一个纪念他们的纪念碑，这让人感到很温暖。"杨谈到她在2010年的救援工作经历时说："所有的海地工作人员都唱着当地歌曲，想起已逝的人们时，每个人都手拉着手。这让人很难控制情绪，我不得不躲在厕所里哭。"她补充说："海地国家救援队非常棒——充满力量，渴望完成任务。""当地合作伙伴非常愿意与我们一起工作，我们看到的每一个地方，都非常需要我们的帮助。尽管其他的紧急援助已经开始了，但我们知道我们必须尽快实施援助，我们正竭尽所能把这件事做好。此时这里到处都是临时搭建的帐篷。成千上万的人把帐篷建在高尔夫球场和任何他们能找到的地方。"

整个太子港和周边地区非常团结。一场可怕的灾难袭击了这个地区，很多人以前也都经历过这样的灾难，但在灾难面前人们没有垮掉或迷失。海地人民拥上街头，一起清理废墟和尸体，向需要的人运送

尽管整座城市到处都是死亡和废墟，但海地人民并没有被这场灾难击垮。

专家意见

吕克·赫比·麦萨迪奥博士（Dr Luc Herby Mesadieu），海地国际助老会的高级经理

你来的时候情况怎么样？

2010年4月，地震后不久我就在助老会工作。当时这个国家，尤其是大城市地区的情况是灾难性的。受灾人口生活非常艰难，无法满足基本需要。大多数的老年人都受到极大的影响，他们是最脆弱的群体，而且在救灾的过程中一直被忽视。他们的大部分需求与健康有关——更具体地说，海地缺乏对老年人的专业护理。此外，收集上来的与年龄相关的数据存在不一致的情况，这限制了对老年人进行广泛的直接救助。可能是出于绝望，老年人被他们的家人或社区成员遗弃在难民营里。无以为继，又没有新的、有计划的来钱之法，老年人依靠家庭和社区才能活下去。

你如何决定哪里需要何种援助？是否有一个适用于所有情况的系统，或一个适用于所有情况的总体规划？

在救灾的第一阶段，我们试图解决基本需求，如食品、饮用水、卫生保健和分发非食品物资。

很快，在助老会人员的帮助下，住在营地的老年人自己组织起来，并开始创建老年人营地协会，进行居民创业。国际助老会组织与那些协会沟通并评估需求，以便更好地调整应对措施。每个协会在其所居住地区都有自己的特殊需求。我们提供了个性化的援助来满足各方的基本需求，这不是一个适用于所有情况的系统。例如，生活在农村地区的老年人与生活在城市地区的老年人，他们的需求完全不同。

你认为是不是在改善条件方面花的时间太长了？还是说灾难前的条件决定了不得不花费这么长的时间？

改善条件总是需要很长时间。海地易受自然灾害侵扰，而且经济和政治状况也不稳定。这场灾难使局势恶化，但我们希望这是重建这个国家的机会。到目前为止，海地仍面临着粮食不安全、弱势群体仍然住在帐篷里、卫生服务非常有限、大多数人无法满足基本生活需求等问题。

震后恢复中的海地

当类似袭击海地的地震发生时，地球上任何一个沿海城市都会在这样的灾难中受创。从被毁的住宅到岌岌可危的核电站，地震可能在一个国家引起骚乱，或者在地震后留下满目疮痍。海地是西半球最穷的国家之一，对于一个贫穷和欠发达的国家来说，重建生活和保持生计看起来似乎是不可能完成的任务。

根据有关数据，震后太子港大约94%的流民已离开营地和其他临时居住地点。然而，仍有80000名海地人没有一瓦遮头，他们分散在剩余的105个难民营中。尽管如此，海地还是稳健地开始自我重建。虽然首都仍有几座被毁的建筑物残骸，但几乎所有的瓦砾已被清除。2010年被摧毁的著名的钢铁市场，如今已被一座色彩缤纷的新市场和一座钟楼所取代。

在地震后的几个月里，霍乱的爆发震惊全国，紧张局势继续加剧。这场疫情已经夺去了8000名海地人的生命，使这个已经陷入瘫痪的国家再次陷入到全国性的卫生恐慌中。

物资和药品，用歌声和话语互相安慰。死亡无处不在，不容忽视，但这里也有人活下来了，在面对如此可怕的困境时这里仍然有希望。

那些人道主义部队在地震后还有大量工作要做。超过350万人受到地震的影响，许多人在地震中丧生，余震破坏了商业活动，切断了人们的生活来源。救援工作的第一项任务就是在没有倒塌建筑物的安全地区搭建帐篷。随着余震逐渐平息，太子港出现了1900万立方米的碎石和瓦砾，如果把它们装在船运集装箱里，那么这些集装箱首尾相连可以从伦敦一直延伸到贝鲁特。据统计，太子港有60%的政府和行政大楼、80%的学校（约4000个教育地点），南部省和西部省有60%的学校被摧毁或部分损坏。

要从哪里开始救援工作？在如此多的人受到影响的情况下，又应该如何优先安排人力和资源

原本就已非常贫穷的人变得赤贫，原本可以勉强度日的穷人现在生活难以为继。

呢？这是杨和她的同事们在抵达海地时不得不考虑的问题。她说："在海地，每个人都受到了影响，原本就已非常贫穷的人变得一贫如洗，以前本来可以勉强度日的穷困人口现在没有了选择。那些原本有合理收入、可以赚钱的人，比如商人、店主等，也失去了一切，无望回到从前。"

所在位置、地震深度、严重程度以及缺乏防震措施，这些因素叠加在一起，给海地政府和国际救援队伍带来了一大堆问题。每进入一个地区都是一个巨大的难题，尤其是在公路上，因为大

▲ 公民通过轮渡撤离太子港

部分地区都散布着碎石和尸体，其中很多是从太子港周围的山上滑下来的房屋碎片。海地的道路原本就很糟糕，现在大部分都无法通行，这意味着救灾行动更大程度上依赖空中支援。在如此广大的受灾地区，救援行动既费用昂贵，又难以组织实施。"在地震之前，贫困和恶劣的生活条件已经让情况很糟糕了，现在更难区分眼下的情况是因为原本这里就很贫困，还是因为地震让这里的情况雪上加霜。"

"安全也是一个问题。尽管近年来情况有所改善，但当时没有规范的建筑标准，而且因为人们生活在贫民窟，所以他们一开始就没有土地。现在也不可能重建房屋，因为首先，那些建筑一开始就不是真正的房子；第二，如果给他们建设

房屋，这可能是违法的；第三，这里没有真正值得信任的、有资质的建筑公司去承担重建工作。"

那么，这个地区多年来经历了数十次这种震级的地震，为什么这次地震却造成了如此巨大的破坏呢？答案在于三个非常重要的因素。在决定性的那天里，这些因素叠加在一起发难。

首先，此次地震的震中位于太子港西南仅10英里处，地震并非发生在海上，而是发生在陆地上。虽然这次地震没有形成海啸（如果发生海啸，那将是一场足以造成巨大破坏的海啸），但它还是给海地人民的日常生活带来了灾难性的后果。

第二个因素与地震深度相关，这种深度增强了地震破坏强度。在地表以下10—15千米深处

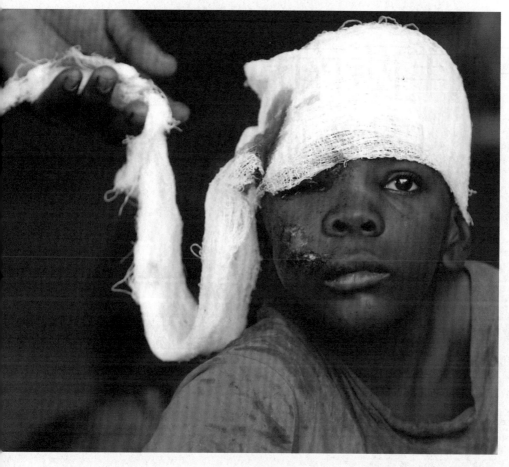

的地底发出隆隆的响声，波动穿过多个地层，但地震的威力丝毫没有减弱。2010 年的海地地震被美国地质勘探局定性为"浅层"地震。这场地震不仅发生在海地人口最多的城市附近，而且几乎没有受到地质稀释的影响。

最后一个因素与 5 位科学家在 2008 年第 18 届加勒比海地质会议上遇到的难题有关——海地政府根本没有基础设施或经济实力来支持整个地区的防震工作。

7 年来，海地在很大程度上仍处于复苏期中。尽管其他国家提供了经济方面的援助，但这个国家在经历了人们记忆中最严重的生态灾难后，仍在努力改善本国处境。总计 135 亿美元被投入到海地来支持救援工作和帮助推动国家恢复经济，但海地政府持续的政治混战和从霍乱爆发以来民众不断加剧的不信任感（在 2010 年之前这种疾病从未在岛上出现）已经使真正的改善——如确保新建筑抗震等，在这个阶段几乎不可能实现。

海地仍然是一个对未来充满希望的国家，但这并不能改变那些隐藏的深层次的危险。作为地震活动和生态灾难频发的热点地区，海地及其周边地区无疑在未来仍会经历此类事件。作为一个拥有较强民族文化意识的国家，一个即使在最黑暗的时刻也能找到希望的民族，我们只能希望，当那不可避免的"下一次"到来时，我们能做更充分的准备。

太平洋西南航空公司 182 航班

1978 年，加利福尼亚

- - - - - - - - - - - - - -

1978 年 9 月 25 日上午，在圣地亚哥上空，太平洋西南航空公司的 182 号航班与一架私人轻型飞机相撞。两架飞机都坠毁在一个居民区内。共有 144 人在事故中丧生：包括 182 航班上的所有机组人员和乘客，2 名赛斯纳（Cessna）飞机的飞行员和 7 名地面人员。

旧金山地震

1906 年旧金山发生了破坏力极强的地震，之后的
几天里，整座城市烧毁严重。

1906年4月18日，旧金山发生了一系列事件，《亲历纪事考察报》（*Call-Chronicle-Examiner*）的头版标题全面地总结了这些事件。次日上午，旧金山市三家报纸联合发行了题为《地震与火灾：成为废墟的旧金山》的报道，报道内容揭示了这场地震毁灭性的、直接的影响。"没有一家企业还能屹立不倒，"报道中写道，"剧院被夷为平地。工厂和交易所还在旧址上燃烧。所有的报社不能运转。"当记者们弯着腰，拿着打字机，试图弄清那个黑暗的日子到底发生了什么时，他们没有意识到的是，在接下来的几天

里，将有大约3000人死去，22.5万人无家可归。这次地震之所以意义重大，还有一个重要的原因——科学家们第一次开始积累大量的有关地震的知识。"这基本上奠定了现代地震学的基础。"在加利福尼亚州伯克利地震实验室工作的詹妮弗·施特劳斯博士（Dr Jennifer Strauss）说。

在地震发生后的几周乃至几个月里，科学家们孜孜不倦、事无巨细地绘制图表、总结报告、描述和分析地震的起因和影响。他们在5周内完成了一份17页的初步报告，并在两年内完成了一份更全面、更深入的后续报告。有关旧金山地

概况

- 死亡人数：3000+人
- 旧金山，美国
- 1906年4月18日

1906年，美国西海岸地震的震级在7.7到7.9级之间，加利福尼亚州和内华达州都有震感，但震感最明显的是人口稠密的旧金山。

▲ 士兵们在第四大街上巡逻，一栋建筑物仍然矗立在那里

震的信息比以往任何一次地震的都要多。这份报告收集到许多信息，这些发现一直为之后几代地震学家所用。

1906年4月18日凌晨5点12分，居民们在从睡梦中惊醒。地震来袭毫无征兆，持续了48秒。在遭受猛烈冲击时，安全是他们心中最重要的考量。那些没有睡觉尚且清醒的人——包括刚刚完成了工作的《旧金山考察报》（San Francisco Examiner）新闻编辑巴雷特先生，可能会清楚地描述地震之后的情况。当时的状况很可怕。"突然间，我们发现自己摇摇晃晃，步履蹒跚。"他描述了自己和一位同事走路回家的情景："就好像地球在我们脚下慢慢地滑动。"他回忆起自己试图站起来，但又被甩在地上。他补充道："大型建筑物正在坍塌，就像人们压碎饼干一样。"但这仅仅是个开始。施特劳斯博士说："人们说地震一直在持续。他们能站起来并弄清楚发生了什么事时，火灾就开始了。"一场凶猛的大

火席卷了整个旧金山，持续了三天，造成了毁灭性的后果。大火摧毁了城市大片的基础设施，并使空气中弥漫着烟雾。"1906年地震后的大部分损失是由火灾造成的。"施特劳斯博士继续说。很明显，在这次事件之后，旧金山市再也不会像以前一样了。

震中位于旧金山附近的近海区域，从靠近北加州边界的尤里卡一直到萨利纳斯山谷都有震感。施特劳斯博士解释说："这次地震在海岸线沿线和半岛地区最为严重。"这次地震导致圣安德烈亚斯断层向西北和东南方向断裂。"在土壤松散的地方，你就会感觉到更大的震动。你会像铃铛一样摇晃起来。"海湾对面的恶魔岛监狱的囚犯们也感到地面在移动，但监狱建筑挺过来了，仅水道和灯塔受到了损毁。然而此时旧金山已一片混乱。当市场街以南的廉价公寓区地面塌陷、建筑物倒塌时，许多人仍被困在里面。在其他地方，砖块和灰泥从空中坠落，造成下面街道

人们茫然地在街上游荡，无家可归，急需避难所。

上惊慌失措的许多居民死亡。

在尸体堆积得已经变形的车道上，在被连根拔起的树木和乱成一团的电线之间，许多人茫然地在街上游荡，无家可归，急需避难所。饥肠辘辘、精疲力竭的政府工作人员和居民们进行了绝望的救援尝试，但大火已大范围地蔓延开去，火势失去了控制。

"当时在室内很多人还在用蜡烛照明，在地震中很可能是蜡烛倒下引发了火灾。"施特劳斯博士说到当时引发大火的可能原因。在海斯山谷的中心地带，一名妇女在最初的几次震动后正在做早餐，但她并不知道的是炉子上方的烟囱已经损坏，而后她的房子被烧毁，这场火还摧毁了相邻的30个街区。

"另一件使火灾后果更加严重的事情是缺水。"施特劳斯博士说，"地震后水管破裂，水供应被阻断，这意味着人们没有办法自己灭火。"当风吹来并煽起火焰时，人们不得不孤注一掷。为了防止火势蔓延，人们最后选择了设立防火隔离带，但设立防火隔离带的手段却很残酷。施特劳斯博士说："如果有一片房子着火了，救助者会跑去让这些房子里的人离开，因为救助者要把这些房子炸掉。"这样做会在火势袭来的通道上制造出一个隔离带。

"他们设置了炸药，想想都觉得很可怕，也

一个被封锁的城市

旧金山地震发生后不久，太平洋师的代理指挥官弗雷德里克·方斯顿准将派遣了数百名士兵到街上帮助警察和消防部门控制城内人员。这类似于戒严令，尽管实际上从未有过这样的官方声明。然而，市长尤金·施密茨做了一件让他声名扫地的决定，他下令如果发现偷窃者，警察和军队可以杀死他们。那天下午，据说有三名抢劫者中弹身亡。当时这些举措还是必要的，因为当局担心抢劫和其他捣乱行为还会发生。没过多久，目击者们就开始讲述说"各个角落都布置了岗哨"，听到站岗的人说："到12点了，一切都好"，人们会感到很安心。人们会赞扬军队，因为军队向他们提供毯子、食物、帐篷，并搭建移动厕所。由于军队是从该地区以外抽调来的，他们不必担心自己的家人，因此能够卓有成效地开展工作。在废墟和主要建筑物如邮局和保险库外面设有警卫，这给人一种安全感。

如果生火取暖被抓到，将面临牢狱之灾。然而正是这个方斯顿，决定用炸药炸掉房屋来建造防火隔离带，因为他认为这是防止火势蔓延的唯一方法。但还有一些其他的后续事宜并没有得到很好的处理。查尔斯·莫里斯上校下令："除啤酒外，所有的酒都必须立即倒入地沟中，这样就不会有人饮用。"因为人们担心酒不仅会引起火灾，还会落在流氓手中带来祸患，因此大约价值三万美元的酒被销毁。

▲ 1906 年，士兵们站在司法大楼外

重建旧金山

　　尽管有人预测旧金山这座城市会消亡，但它还是从灰烬中崛起，在几周内就开始重建。虽然只需要不到十年的时间就能够完成重建这座城市，但决定在旧城原址上简单地建造一些建筑，而不是开始制订雄心勃勃的重建计划，无疑更有助于加快城市的恢复速度。

　　不到一个月，有轨电车就开上了市场街，公园里建起了小木屋。詹妮弗·施特劳斯博士说："城市一旦重建，人们就把大块的木头运到城市中他们想要建筑房屋的地方。"六周后，银行重新开放，新的铁轨开始铺设。

　　到处都是废墟，清理工作漫长而又艰难。在那里，

维多利亚时代的房屋已经被毁，但许多人认为这是一件好事。"我不知道1906年的人们——除了房主们——是否会因为这些房屋没了而感到难过。"施特劳斯博士说。然而，也有人认为重建太仓促了。这座城市在1915年举办了巴拿马-太平洋国际博览会，一些人认为当时的建筑是仓促建成的，各项准备都不足。

　　今天，洛克菲勒基金会的"百座坚韧不拔的城市"项目中就包括旧金山。该项目正在帮助当地居民及建筑物为未来的地震和火灾做好准备。

很不公平，"她继续说，"人们会坐在房子外面，他们想要回家，因为地震已经结束了。但当局会说，不，你不能回去。由于房屋爆破做得不好，这种做法只会在大部分都被烧毁的城市里再增加一些着火点而已。高度易燃的黑火药被用作炸药，然而它却为更大的火灾开辟了道路。燃烧着的碎片点燃了破裂的天然气管道，使情况雪上加霜。"

　　这些正在上演的戏剧性的情节和城市遭到破坏的大部分情况都被摄影师拍了下来，他们正在记录所看到的一切。这些图像资料可以帮助科学家们更好地研究地震的影响。地震发生三天后，加州大学伯克利分校（University of California, Berkley）地质学教授安德鲁·劳森（Andrew Lawson）开始带领一个委员会调查地震及其影响。施特劳斯博士说："1906年地震最重要的结果是劳森的报告。"

　　劳森在这一领域德高望重。1895年，他是

第一个识别并命名圣安德烈亚斯断层的人。在1906年的地震发生后，在一个由20多名科学家组成的核心团队的帮助下，他得以更深入地研究了这个课题。他对断层进行了分析，并绘制了详细的地质活动图谱。通过这张图谱，人们可以看到完整连续的地质活动。这个断层被认为是横跨加利福尼亚州的一个大约600英里长的连续地质结构。

　　施特劳斯博士说："他们做了大量关于地震破坏力的编译报告，不仅观察了表面有明显断层线的地区，而且还根据与断层的距离和不同的建筑材料在不同地区对建筑物的损坏程度，制作了一些非常详细的地图，还有手绘的调查问卷。他们为每一个研究对象拍照存档。这份文件成为后来研究地震后续影响的基础性文献资料。"

　　《国家地震调查委员会的报告<第一卷>》（*The Report Of The State Earthquake Investigation Commission, Volume 1*）长达

220页。该报告显示了地震强度与地质条件之间潜在的相关性。人们发现，基岩地区比充满沉积物的山谷更难以承受强烈的震动，在旧金山湾填海而建的地区是所有地区中受冲击最严重的，沿海地区有沉积物和土壤的地方更容易出现液化现象。

很明显，地震与持续活动的断层有关，离断层越远，地面运动越慢。"但劳森的报告中的一处关键是，它提供了所有的数据，并为弹性回跳理论（elastic rebound theory）提供了基础。"施特劳斯博士说。这一理论对地震中能量如何传播给出了一个重要的解释。以前，人们认为导致地震的力量都集中在地震发生位置的附近。但当研究人员之一哈里·菲尔丁·里德（Harry Fielding Reid）研究1906年的断层痕迹时，他说导致地震的力量实际上非常遥远。他提出，多年的压力扭曲了地球内部，以至于导致地面出现薄弱区或断层失效。

施特劳斯博士说："这并不是'地球一步一步移动'之类的事情。……更多的是伸展，伸展，伸展，然后就像橡皮筋一样折断。这些直线不再穿过断层，而是开始弯曲。在此基础上，在现代，我们形成了对地震的基本理解。这一理论还帮助我们理解地壳运动是如何随着板块运动而逐渐运动和扭曲的。这一重要发现是在板块构造学产生之前。这是非常惊人的，对整个地震学来说是一个突破。"

有研究称，环绕在旧金山东湾山脚的海沃德断层平均每140年断裂一次。施特劳斯博士说："全城的人都在说，我们将面临一场大地震。""人们一直致力于研究弹性策略和协调服务的方法。这个城市有一个大规模的建筑物改造项目，以使已有的建筑物在地震中更加安全。"

这并不是说1906年之后圣安德烈亚斯断层就不再有地质运动。"有研究表明，每隔一段时间就会发生一次与1906年地震相关的地震。余震会随着时间的推移而减弱，但对于这些大型地质活动来说，需要很长时间才能恢复到原来的地质状态。"

安第斯空难

在人迹罕至的山巅，幸存者被困 72 天，最终获救。

概况

- 死亡人数: 29 人
- 安第斯山脉
- 1972 年 10 月 13 日

来自乌拉圭的一支橄榄球队被困在安第斯山脉长达 72 天。他们中的一些人在飞机失事中幸免于难，这简直是个奇迹。

透过厚重的云层，一座山峰显现出来，它就像来自美国作家霍华德·菲利普·洛夫克拉夫特（H.P.Lovecraft）想象的世界中一只噩梦般的巨型野兽，如此巨大，几乎超越了人类可理解的范围。节日的气氛变成了紧张的神情和轻声的祈祷。一位乘客注意到飞机的右翼离山腰只有十英尺远了，靠得这么近根本不是标准操作。肯定出事了！乌拉圭空军571航班在又一次遭遇气流后剧烈颠簸，乘客们都紧紧贴靠在座位上十分恐惧。飞机的右翼先撞上了山腰，完全损毁了，然后机尾也被切断，飞机后部的东西都被吸出了飞机。飞机的左翼断裂掉落，机身就像一架没有翅膀的纸飞机在滑行，马上就要支离破碎。之后机身腹部着地，冲入了山谷。当

▲ 幸存者坐在机身外的雪地上

飞机停在一个被雪覆盖的斜坡上时，惊魂未定的幸存者们闻到了燃料的味道，他们意识到飞机随时会爆炸。乘客聚集到了飞机前部。现场只留下一堆扭曲的金属。12人在飞机坠毁时丧生，另外一些人因为受伤在第二天和接下来的几周内也没有挺过来，相继死去。最终只有少数人幸存下来。

即使在最好的情况下，乘坐中小型飞机飞越安第斯山脉也是危险的。571航班飞越的这条绵延整个大陆的山脉是世界第二大山脉，宽度仅有100英里，但该地区的最高峰高达22000英尺（平均13000英尺）。其中之一的阿空加瓜山距离珠穆朗玛峰只有6000英尺远。乌拉圭空军拥有的费尔柴尔德（Fairchild）FH-227D飞机可以达到最高22000英尺的飞行高度，它必须经过几个可飞行的山口才能找到路线。即使是阿根廷和智利空军中最优秀的飞行员，也会在一天中的某些时段对安第斯山脉敬而远之。在这里，冷暖空气对流，从太平洋吹来的不稳定的风也顺着山谷汇聚至此，造成了这里复杂的飞行条件。气流的确令人感到恐惧，但气流并不会让飞机坠毁。产生大量云层的风暴和那些狂风才是真正的威胁。

斯特拉·马里斯学院是一所建于1955年的学校，这架飞机FH-227D就是由该校的橄榄球队租用的。南美人以他们对足球的热爱而闻名于世。但当来自爱尔兰的克里斯蒂安兄弟（Christian Brothers）被邀请到蒙得维的亚（Montevideo）开办一所学校时，他们觉得学校里必须有他们最喜欢的娱乐项目——橄榄球。乌拉圭是一个狂热的足球国家，他们的国家队分别在1930年和1950年两次赢得了世界杯冠军。后来橄榄球慢慢地开始流行起来。这所学校的一些毕业生一直把橄榄球运动看成是一种社交方式，这也是他们在毕业后与老同学保持联络的一种方式，因此他们与一些在校生一起组建起了一支橄榄球队。

飞机FH-227D几乎是全新的，仪表盘上显示只有700个小时的飞行时间。胡里奥·菲拉达斯上校和但丁·赫克托·拉瓜拉中尉负责将这支橄榄球队从首都卡拉斯科机场接回到智利圣地亚哥，这样小伙子们就可以和老格兰格里安队比赛了。

他们于10月12日星期四早上6点出发，沿

着布宜诺斯艾利斯的航道飞行，穿过阿根廷的潘帕斯草原，直至最后一段行程。这段行程不会超过30分钟，但他们不得不飞越安第斯山脉。

事情开始并不顺利。持续了4个小时的飞行变成了一个传奇。由于最后一段的天气状况，飞行员在阿根廷境内的门多萨市着陆。队员们想要在智利待上整整5天，玩游戏，出去社交，和女孩子们聊天。飞机上不仅有橄榄球队的队员，也有许多队员的家属同行。另外，为了凑够飞行人数，另一所学校的学生们也上了这架飞机。还有一名乘客是要去参加他女儿的婚礼。

总体上来说，是人为失误导致了飞机的坠毁。下午是飞越安第斯山脉最危险的时段。由于飞行已经长时间地延误，飞行员们不得不忍受球队队员们的口头谩骂和纠缠不休。飞行员菲拉达

▼ 幸存者把椅子放在机身外，坐在阳光里

这架配备了最新无线电设备兼具跟踪技术的飞机本不该遇到什么问题。

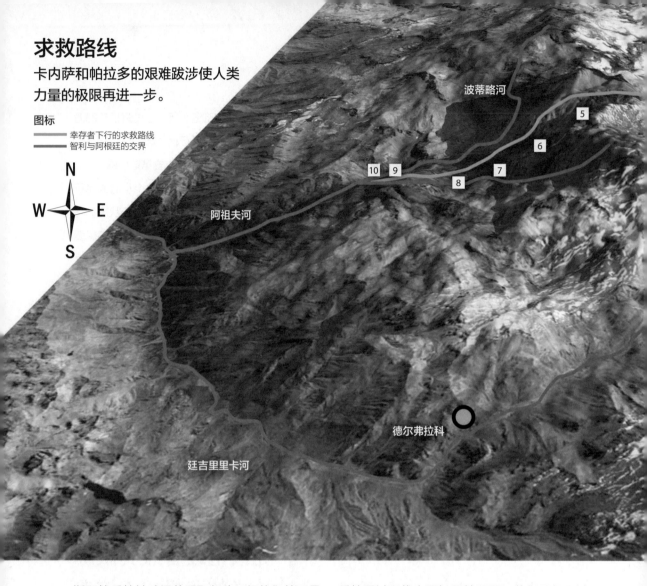

求救路线

卡内萨和帕拉多的艰难跋涉使人类力量的极限再进一步。

图标
━━━ 幸存者下行的求救路线
━━━ 智利与阿根廷的交界

N W E S

波蒂略河

5
6
10 9 7
8

阿祖夫河

德尔弗拉科

廷吉里里卡河

斯和拉瓜拉被威逼着采取行动，但他们并不愚蠢。天气预报中报告的天气条件还是有利的。虽然会很困难，但他们认为他们可以穿过气流。因此他们决定选择穿过普兰雄隘口——危险性最小的航道。他们在下午2点18分出发。他们设定了前往奇莱西托和马拉格的飞行路线，并让飞机爬升到18000英尺的高度，沿着一条被称为G17的空中走廊飞行。

这架配备了最新无线电设备兼具跟踪技术的飞机本不该遇到什么问题，但天气因素和飞行员的决策共同导致了飞机的坠毁。当飞机还在安第斯山脉当中时，菲拉达斯和拉瓜拉就开始下降飞行高度。这时顺风突然变成了逆风，飞机的速度从210节降到了180节。下午3点21分，拉瓜拉通过无线电通知圣地亚哥，他们已经飞过了山口，大约9分钟后到达智利的库里克。飞机在一个直角转弯时，经圣地亚哥授权，可以下降到10000英尺的高度。机场人员相信了拉瓜拉的话，但其实由于云层的原因，拉瓜拉只能估计他们的位置。他认为飞机已经越过山口进入到达圣地亚哥普达胡尔机场的最后一程。他通过无线电通知圣地亚哥，他们已飞过库里克，开始降落了。但是实际上这架飞机并不在智利的这座小镇附近，它此时在城镇以北很远的地方。飞机最终被迫在海拔11500英尺的两座火山圣尼多瓦（Sosneadoa）和廷吉里里卡（Tinguiririca）之间着陆。

幸存者们或茫然，或极度痛苦，然后他们开

571 航班坠落区域

危险的跋涉

第一天 卡内萨、帕拉多和威兹汀开始了他们攀登和翻越这座大山的旅程。他们向西爬上非常陡峭的斜坡。

第二天 卡内萨相信他看到山谷对面有一条路的轮廓。他建议往那边走。

第三天 帕拉多爬到了山顶，但是卡内萨和威兹汀落在了下面。帕拉多看到两座山峰的正西方没有雪。

第四天 威兹汀返回坠机处。卡内萨和帕拉多带着更多的供给独自向山下走去。

第五天 "老天，你可以难为我，但是你逼不死我的！"这句话变成了卡内萨的座右铭。他们继续艰难向前。

第六天 卡内萨和帕拉多抵达山脚，并且进入了一个有两个出口的山谷。卡内萨开始体力不支。

第七天 帕拉多不断地鼓励越来越虚弱的卡内萨。他们终于走到了山谷的尽头。

第八天 卡内萨和帕拉多进入了智利一片葱绿的山峦，前进的道路仍然十分艰难，困难重重。

第九天 卡内萨开始拉肚子，他已经极度虚弱了。那天晚些时候，他们发现有三个骑马的人。

第十天 他们穿过阿祖夫河，遇到了在地里劳作的智利农民。这场磨难终于结束了。

始组织起来，合理分配他们能找来的食物。丹尼尔·斯道姆和古斯塔沃·泽比诺都是医学院的学生。斯道姆的状态很糟糕，救治已经无济于事。罗伯托和泽比诺合作，开始检查其他乘客，向他们提供建议并确认他们的情况。一些人试图弄清楚到底发生了什么和当时的状况。当他们试图在雪地上行走时，他们跌到了齐腰深的雪里——他们被困在这儿了。一般来说，当飞机没有按计划着陆时，搜索人员就会出发，从最后已知位置开

他们被困了。然而他们在刚开始时一度充满了希望。

罗伯托·卡内萨和费尔南多·帕拉多为农民塞尔吉奥·卡特兰摆姿势拍照

121

▲ 幸存者坐飞机回到了蒙得维的亚

▲ 罗伯托·卡内萨在 2002 年 12 月来到坠机现场墓碑前

山永远在那里！

44年来，在安第斯山脉发生的奇迹一直吸引着媒体的关注和公众的兴趣。电影、纪录片以及一系列书籍和回忆录都用镜头和细节讲述同一个故事。在乌拉圭的蒙得维的亚，甚至有一个专门纪念这场灾难的博物馆。坠机事件发生两年后，皮尔斯·保罗·里德的《天劫余生》（Alive，1974）出版，获得了评论界和商业上的巨大成功。对幸存者长时间不断的采访，令恐惧仍然清晰地留在他们的脑海中，这些真实的回忆使这本书成为当代伟大的现实小说之一。1993年，好莱坞的同名电影问世。这部电影也讲述了这个故事，但大部分血淋淋的细节都被省略了。当年那场原计划的橄榄球比赛因这场事故取消，那些还活着的幸存者决定打一场橄榄球

以纪念这一事件40周年。2012年10月13日，他们来到安第斯山脚下的场地里。伞兵从天而降，他们的降落伞借用了乌拉圭和智利国旗的颜色。在比赛开始前，他们观看了一个纪念展览，其中展示了那些在飞机失事或事故发生后几天内死去的人的照片。人们为他们哀悼。2016年3月，幸存者在接受一本杂志的在线采访中，总结了自己对这起事件的感受。"我得说我再也想不起来了。除非我像现在这样正在谈论它，否则它永远不会回到我的脑海中。它不是我会回忆的事。就像我以前说的那样，它不再让我做噩梦了。我已经可以与它和平相处，对这座山我也可以泰然处之。"

▲ 2002 年 12 月，博物馆的一场展览重塑了噩梦

始搜索，但他们并不知道那时飞行员给出的坐标偏离实际位置 55 英里。

在接下来的日子里，更多的幸存者死去。费尔南多·帕拉多自着陆后就没有动过，他们中的一些人认为他昏迷了，他会静静地死去。帕拉多这次带着他的母亲和妹妹一起乘机。他的母亲尤金妮娅在飞机下降坠入山谷的混乱中死去。一天早上，帕拉多奇迹般地从昏睡中醒来，他的脸青了，脑袋还在抽动。他很快得知母亲已经去世，他立即开始安抚妹妹苏珊娜。她受了致命伤，身体很快就衰弱下去。当她在第八天去世的时候，年轻的帕拉多内心深处有某种东西被唤醒了：那是一种不仅要活下去，而且要掌握自己命运的欲

望。他必须绝地反击，反抗大自然对于他的苦难视而不见的漠然。他是第一个开始讨论徒步走出山区寻求帮助的人，他认为坐以待毙只会使事情雪上加霜。其他幸存者一开始不以为意，但帕拉多如铁的决心使他们开始重新考虑这一提议。第九天时，人们得知马上就可以得到救援根本就是一个假消息，此时的理智便已消耗殆尽。帕拉多斩钉截铁地告诉他的朋友，他希望离开，他要从残骸处向外走，走出大山，走到智利去求援，他要改变他自己和其他人必死的命运。罗伯托·卡内萨最后应帕拉多的请求和他一起出发。

在接下来的日子里，天气开始变化。但随着冰雪融化，曾经被冰雪冷藏的尸体暴露在烈日

下，开始腐烂。夏天的到来使其他生命迹象的复苏初露端倪，比如人们可以看到秃鹰、蜜蜂，有一天还有一只蝴蝶飞进了机身。一个新的挑战也即将出现。

被困在山里两个月后，幸存者再次决定派由三个人组成的小队出发去寻求帮助。早些时候，他们没能够从飞机尾部取回无线电电池。他们知道智利就在飞机坠毁地的西边，这一点点信息变得不容置喙。他们必须爬上前面的山，看看另一边的地形。一切都是未知的。对于帕拉多想象中青翠的山谷，卡内萨却不那么乐观。安东尼奥·威兹汀不太情愿地加入了求援，组成了三人小组。如果这三个人沿着正对着机身的下山的路线走，就会来到一个山谷，三天的长途跋涉会把他们带到一条山路上，在坠机地点以东5英里处，是一家废弃的夏日酒店。但正相反，这三个人选择了最艰难、最危险的路线。卡内萨和帕拉多在没有任何攀爬工具的情况下只能用冻僵的双手和金属碎片在冰雪中破冰或挖洞，攀爬了13000英尺的高峰。这简直令人叹为观止！他们成功地完成了自己的使命，战胜了大自然加注在他们身上的一切，这是人类耐力和欲望的胜利。他们将继续前进，因为他们知道不能无功而返、坐以待毙。

在被困72天之后，16名幸存者最终获救。

概况

- 死亡人数: 15000+人
- 本州岛仙台港东，日本
- 2011 年 3 月 11 日

这场日本东北部发生的地震是自广岛和长崎被原子弹轰炸以来，日本遭受的最严重的灾难。

3·11日本地震和福岛核泄漏

2011年，三起类似多米诺骨牌的灾难让日本首都
陷入崩溃，几乎击垮了一个国家。

在2011年那灾难性的一天之前，福岛是一个安静祥和的地区，以其郁郁葱葱的青山、累累的夏季水果和宁静的温泉而闻名。这个位于日本东北部的宁静地区拥有令人艳羡的美丽，只是与它的自然景观形成对比的是——坐落在东京的福岛第一核电站。该核电站建于1971年，占地3.5平方千米，是日本最重要的电力来源之一，也是地球上最大的15座核电站之一。它可能是一个工业巨兽，它也是一个工程技术的壮举，激发了许多在那里工作的人的民族自豪感。

2011年3月11日星期五，这片田园诗般的宁静被打破了。短短几小时内，一场地震撼动了日本的地心，引发了一场威力巨大的海啸，像撕扯卫生纸一样把民居、企业和学校都卷走了；然后洪水到了整个地区最危险的地方——核电厂。因为核电站释放了大量的辐射，这个已被地震和洪水袭击过的地区将被致命的放射性沉降物所掩埋。这是三场灾难合而为一的大型灾难，它抛出了一个非常重要的问题：像日本这样对抗地震很有经验的国家，真的为这样的灾难做好准备了吗？

2011年3月11日上午，福岛（这个名字指代的范围包括福岛市和周边更大范围的地区）像往常一样开工。这里有13个区，上午近30万人在这里工作和学习，人们心情愉悦。整个上午，长途渔船和工业船驶进港口时，它们的喇叭声响彻天空。这里生机勃勃，但没有人知道脚下的土地即将移动，就像被看不见的力量打碎了一样。在这座城市和这个国家的其他地区的地下深处，地球的地幔开始下沉。这个国家位于镶嵌构造区和两个巨大板块——大陆板块和太平洋板块——的交会处。但是，将这两个板块固定在原地的张力，也就是所谓的板块俯冲力，正在发生变化。日本海沟，即在两个板块之间形成的地质断层线，

▲ 日本地震是如此强烈，远在6557英里以外的美国马萨诸塞州都能感受到

突然陷入混乱。太平洋板块开始进一步向另一板块下方滑动，将面积相当于美国康涅狄格州的海床抬升了80千米。这些日本岛屿下巨幅的移动产生了一种强大的力量。这个力量搅动产生了地质回声，导致了里氏9.0级的地震。这是在历史上袭击日本最强烈的地震。

突然间，由于地震爆发出全部威力，日本的地下从地心开始震动起来。此时是下午2点46分。整整6分钟，常态被打破；整整6分钟，整个地面似乎都在剧烈地摇晃着，翻滚着。窗户碎了，建筑物摇晃得很厉害，好像要倒塌了，所有的东西似乎都摇摇欲坠。随着油罐破裂，远处传来爆炸声，空气中弥漫着浓重的恐怖气氛，可以听到人们的尖叫声和哭喊声。整座城市陷入瘫痪，交通网络陷入停顿，整个地区的电网被切断。

地震平息后，福岛和日本其他地区的居民都在努力恢复平静。汽车被掀翻，有些汽车着了火，整栋房屋都被震得粉碎，到处都是玻璃和灰尘。但这里并没有被夷为平地，从北海道到东京，灾难和混乱的程度各不相同。日本也没有被难以招架的恐慌感所笼罩。一场强烈的地震来了又去，尽管很混乱，但生活依然如旧。

尽管地震很严重，但日本并非毫无准备。日本的地震预警系统（EEW）是世界上最准确、最昂贵的系统之一，拥有超过1万个传感器。日本是一个每年约遭受1500次不同程度地震的国家，因此日本气象厅密切关注任何可能危及生命的地质活动。地震预警系统在此次地震发生前一分钟探测到了板块的移动。地震发生前8秒，该系统向公众发出了全国警报。虽然时间短得可

如何预防更严重的灾难

虽然有些地震会让其他国家感到恐慌，但日本在一定程度上已经习惯了。在50多年的时间里，日本精心制定了一系列国家层面的预防措施和方法，以确保国家快速应对地震这类自然灾害，尽可能减少伤亡。

预防地震的核心是地震预警系统。该系统全天候监测地质板块运动。当地震活动被发现并上报后，日本气象厅就会对数据进行校对，然后向全国广播，告知民众地震的严重程度及其震源信息。当地震即将发生时，所有的广播和电视频道都会立即切换到紧急频道，播放有关安全措施和疏散通知的信息。

日本法律规定，建筑物必须有深厚、坚固的地基和巨大的减震装置来抗震，以减少地震能量的破坏性影响。这些与另外一种巧妙的设计相结合，使建筑物的地基不动，但建筑的上部可以移动，来减少地震引起的冲击。

在学校，孩子们每月参加一次地震演习。在操场上，他们被疏散到一个开阔的区域，以躲避掉落的碎片。在室内时，他们被教导使用充气滑梯安全逃生。消防部门定期让少年儿童在地震模拟器中进行演习，以确保他们了解高震级地震的危险性。

▲ 福岛核电站的核灾难是继切尔诺贝利后最严重的核灾难

▲ 福岛周边地区已无法居住

▲ 国际救援的到来给受灾的日本人民带来了食物和其他救援物资

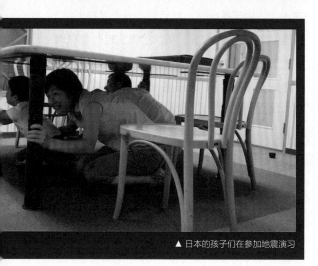

▲ 日本的孩子们在参加地震演习

以忽略不计，但一些公众已经被告知，并试图做好准备。半小时后，也就是下午3点零8分，第一次余震开始了。这是一次被记录为7.4级的强震，它只持续了几分钟。不久之后，另一次余震发生了，破坏性较弱（随着时间的推移，余震会逐渐减弱，但在灾难过后很长一段时间内仍会继续）。

在日本人开始聚集的时候，曾经摧毁了他们家园和产业的强大地震的能量向海洋袭去。当这些力量被传递进海洋时，产生了巨大的震动能量。这些能量足以为洛杉矶市提供一年的电力。日本气象厅的地震预警系统记录了海上不断增强的海啸。人们认为这场海啸非常严重，因此立即把其定为"大海啸"级别。日本气象厅估计，海啸将在半小时内与日本海岸相撞，预计高达3米。下午3点55分，在第一次地震的一个小时后，据报道海啸袭击了仙台机场。这是向日本东北部袭来的第一波巨浪，浪高高达39米。

一面面水墙砸向了机场，汽车和飞机被冲到一边。人们徒步奔逃着，但无济于事，还有一些人试图在通往机场的道路上逃跑。大水咆哮而来，奔腾不息。几分钟内，成千上万的人被翻滚的海啸那巨大暴虐的力量淹没或席卷而去。海啸袭击了岩手县，冲入若林区，而那里有101个疏散点。

与许多地震或海啸事件一样，袭击日本的海浪造成的破坏远远超过地震及其余震。整个城镇完全被淹没，被巨浪撕成碎片。岩手县大船渡市南部区域及岩手县其他大部分地区，包括港口地区，几乎完全被湮灭在海水中。一开始，逃难的人们认为他们可以在高一点的地方避难，结果却发现发出雷鸣般响声的海浪势不可挡地追上了他们。海啸掀起三层楼高的巨浪，把高田市完全摧毁，很多人被卷进海浪冲走了。

福岛核事故造成的人员伤亡

地震、海啸和核反应堆熔毁的三重打击在几天内相继发生，将福岛核事故仅仅描述为一场灾难似乎有些轻描淡写。然而，无论用什么词来描述它，都无法概括地震和海啸造成的人员伤亡。

2011年日本开始从灾难中重建时，已有15894人丧生。据日本消防厅称，约有2000人死于灾后，另有2500人仍下落不明，估计已经死亡。根据国家警察厅的数据，95%的死者死于溺水，其中65%的死者年龄在65岁以上。奇怪的是，截至2016年，还没有辐射中毒为主要死因的死亡记录。

大部分的预防措施都由日本政府和紧急服务部门来实施，疏散计划让福岛一半以上的居民在第一次地震发生后被疏散到了安全地区。

▲ 为地震中的死者和失踪者所建的纪念碑

一面面水墙砸向机场，把汽车和飞机冲到一边。

在此期间，海啸还袭击了其他地区。海浪咆哮着，如雷霆之势席卷日本东北地区。到岩手县港口时，海浪高达24米。当海啸到达岩手县内的宫古岛时，海浪已经达到了40.5米。整个城市里，水已经蔓延至各处，并蔓延至可能是最糟糕的地方——福岛第一核电站。

地震来袭时，核电站的应急方案启动，正在运行的反应堆被关闭，持续的裂变反应停止。由于福岛第一核电站不再发电，它自身以及该地区其他地方的电力供应也受到了影响，它无法再为那些将反应堆温度保持在安全水平的发电机提供电力。不过，仍有一组应急发电机被启动了，以确保一切安全，各种运转都在可控范围之内。

然而，尽管核电站的设计中有抗震的考虑，但还没有针对这种震级的设计。在现场工作的工人们目睹了许多反应堆的反应堆壁开始破裂。甚至在海啸来袭之前，许多工人就已经逃离了现场。大约在下午3点40分，也就是第一波地震结束约50分钟后，一波海浪有13米至15米高的海啸击中了核电站，然后海水淹没了核电站。核电站的海堤高5.7米，强大的海浪轻而易举地越过了它。水冲进厂房，工人们被撞到墙上，之后被淹没在洪流中。水流涌入每一个空间，开始淹没电厂的地下室。下午3点41分，海水倾泻而入，使应急发电机无法工作——突然间，一场灾难升级到了难以想象的程度。

现在反应堆开始过热。由于水位上涨，备用系统也无法启动了。紧急服务系统将自动启动。紧急发电机被送到现场去停止尚未冷却的反应堆。然而，泥石流和海水淹没了街道，大型便携

式发电机直到晚上9点才到达现场，而此时距离地震第一次袭击已经过去5个多小时了。当这些发电机到达的时候，由于水位太高，没有人能够成功地将它们运转起来。如果没有足够的冷却，堆芯将会熔化。熔毁将意味着辐射溢出，整个地区会被污染。不幸的是，最后噩梦成真了。

由于反应堆堆芯的情况正在被远程监控，当局几个小时之后意识到情况可能会有多严重。简单地说，如果堆芯变得太热，它们就会爆炸，并在灼热的气浪中散射辐射物质。日本政府别无选择——该地区已经被持续袭击日本的海啸夷为平地，必须疏散居民，并封锁核电站。为防止反应堆熔毁和爆炸，政府下令在两平方千米的范围内进行疏散。7个小时后，消息传来，反应堆堆芯内部压力上升到危险水平，于是疏散范围扩大到了10平方千米。放射性衰变继续增加堆芯的温度——这反过来又产生了灾难性数量的氢气，其容量已接近极限。第二天凌晨3点30分，1号反应堆无法再承受，发生了爆炸——随着反应堆顶部的爆炸，大量放射性物质被喷向空中。

随着恐慌的蔓延，日本军队现在已经被部署到街道上，帮助运送灾民离开海啸破坏过的地区。福岛的人们不仅要忍受地震和海啸，还要忍受坐落在他们城市中心的核电站——现在正用致命的辐射毒害着这座城市和他们的生活。然而，核电站的工作人员并没有放弃——冷却反应堆的行动仍在继续，冷水被疯狂地泵送到每一个反应堆，徒劳地试图阻止温度的上升。4月13日上午，3号反应堆的水冷却系统发生故障——不到24小时，反应堆发生了类似于氢爆炸的爆炸。当反应堆的屋顶被炸掉时，大量的放射性物质被喷向空中。当局意识到2号反应堆已经泄漏了高度的辐射，4号反应堆开始达到危险水平，然后又一次爆炸发生了。

如何冷却核反应堆

要充分理解为什么我们要冷却核反应堆，首先要考虑的是，如果不加控制地让里面的放射性物质升温，将会发生什么。这是一个很神奇的过程，但它也提醒人们，如果安全设施失灵，就像福岛第一核电站那样，一座核电站将会产生多么永久的危险。

如果没有冷却剂被不断地泵送到堆芯，堆内的材料就会开始升温。从最简单的定义来看，这种热量是铀原子分裂时产生的能量。铀是一种天然的不稳定元素，核反应堆利用这种不稳定来控制铀235同位素裂变（分裂的另一种说法）发生时释放的能量。

为了调节和产生更多的核裂变，反应堆需要降低堆芯的温度，从而使核裂变的连续链式反应产生更多的裂变，从而产生更多的能量。这一过程是通过使用冷却剂或慢化剂来实现的，而冷却剂通常是水或石墨。水是最常见的慢化剂之一，它的存在减慢了铀原子核中中子的产生。钚提供的能量约占核反应堆产生能量的1/3，然而，这种元素实际上是该过程的副产物，被认为是废物。不过，由于钚衰变的速度，它自然地表现出很高的自然裂变率。这种不断衰变的物质具有高度的挥发性，在福岛核电站灾难的最初阶段，在其中一个反应堆中就检测到辐射泄漏。

核反应堆的堆芯以及内部的裂变链式反应，通常被置于一个钢制容器中，这使得工程师们能够使水在堆芯周围流动，即使在320摄氏度的工作温度下，水也可以保持液体形态。为了不让反应堆过热而熔化，需要数百加仑[①]可持续调节温度的水来防止反应堆产生过多的裂变，因此这就需要大型发电机来供电保持水温。

----

① 1英制加仑约为4.55升。

▲ 东京的一些地区被地震和海啸摧毁

日本国家报纸《朝日新闻》借用东京电力公司收集的数据对情况进行了评估，认为当熔毁发生后，每一个反应堆破裂后会把770000兆贝可的放射性物质释放到空气中，这大约是切尔诺贝利事故期间释放的辐射的20%。2011年4月12日，日本原子力安全保安院将事故等级从5级提高到7级，与切尔诺贝利核事故等级相同。

今天，福岛地区以及日本其他地区仍在从灾难中逐渐恢复，这条路可能需要几十年的时间才能走完。当地的旅游业和贸易受到了最严重的影响——和"福岛"及"核污染"两个词沾边的渔业和农业全部崩溃。游客避开了这座城市，该地区的经济因此受到严重打击。

福岛及其周边地区仍有辐射"热点"，政府已经封锁了这些辐射"热点"，以确保安全关闭核电站的努力不会再危及日本人的生命。而这导致8万多名公民流离失所，不能返回家园。房屋、企业、学校和公共服务设施在短短几小时内就被废弃了，那些在地震和海啸后没有倒塌的建筑物也被弃用，日渐荒废。

2013年7月，东京电力公司承认，每天仍有大约300吨含有放射性物质的水从核电站泄漏到太平洋。对日本政府来说，清理辐射是一个持续的问题，福岛核电站的存在极大地破坏了周边地区的海洋生态系统。日本政府估计，海啸将近500万吨的残骸带回了大海。据信，其中大约70%已经沉没在海底，留下150万吨漂浮在太平洋上。

自地震、海啸和福岛核电站的灾难把福岛和周边地区夷为平地以来，已经十年了。这个曾经繁荣的日本地区现在还在日本历史上最严重的核灾难阴影下保持着诡异的静默。福岛大部分地区现在是一片被封锁的荒地，到处是废弃的房屋、商业楼和学校。杂草在混凝土路面上蔓延，废弃汽车的引擎盖上可以看到厚厚的铁锈，这是人们被迫在几小时内离开的证据。核电站周围是一片20千米宽的死寂区。这是一片巨大的放射性区域，被认定十分危险，不宜居住。离福岛第一核电站最近的有人居住的双叶町小镇就坐落在这片死亡地带内，至今仍是污染最严重的地区之一。这个地方离泄漏的核电站太近了，很可能会变成一个放射性垃圾场，再也不能居住。疏散区内的另一个城镇樽叶町在灾难发生前只有7000人，它也依然被笼罩在文明的阴暗处。日本政府最近认为这里足够安全，可以居住了，这是日本经济缓慢复苏的一个象征，但人们对这些地方的信心仍然很低，几乎没有日本公民有规模地集体返回的迹象。

福岛核灾难不仅影响了一个地区的经济，还动摇了整个国家对核能依赖的信心。

核电站熔毁后大量泄漏的放射性物质只是留在福岛和其周边地区内。但冲进核电站的海水，也就是最初导致反应堆熔毁的那些海水，夹带着不稳定的辐射物质又回流到海洋。在接下来的几个月乃至几年里，远至美国加利福尼亚州和加拿大海岸都检测到了低水平的辐射（辐射物质的浓度被海水稀释了）。

那么福岛核电站本身呢？该核电站是否终于在缓慢的恢复过程中被弃用？事实上，拆除核设施和移除核材料的过程可能需要几十年才能完成。日本政府仍在通过将水推过反应堆，将其热量转移到其他地方，以使福岛第一核电站进入冷降温状态。截至2016年，共有4个反应堆完成了拆除。不幸的是，尽管全国都抗议使用核能，

当反应堆的屋顶被炸掉时，大量的放射性物质被喷向空中。

但日本政府对核能的信心在地震和随之而来的巨大海啸之后并没有动摇。就像1995年神户地震的后果一样，日本似乎急于加强自己的核力量，却没有真正理解为什么福岛第一核电站的不稳定状态发展至如此地步，造成的灾难如此之大。计划中的600亿日元的新海堤是否足以保护该地区和其剩余的核设施？这是一个悬而未决的问题，那天噩梦般的记忆永远铭刻在日本国民乃至世界人民的心中。

概况

- 死亡人数: 11 人
- 墨西哥湾
- 2010 年 4 月 20 日

"深水地平线"（Deep Water Horizon）事故仍是历史上最具灾难性的钻井平台事故之一。当沉入水中时，油井没有封闭，这导致了美国水域有史以来最大规模的石油泄漏。

▲ 消防人员夜以继日地灭火，但丝毫不起作用

"深水地平线"

这里曾是世界上最深的油井所在地，但"深水地平线"钻井平台上发生的一场离奇事故却将这里变成了一个海上炼狱。

马贡多（Macondo）的天空一片漆黑，一股浓烟从墨西哥温暖的海面上一处即将消失的建筑物中喷涌而出。大火肆虐，钢铁被烧得像蜡一样熔化，火焰开始吞噬钻井平台的每一个角落，火势迫使紧急服务部门也从此处撤退。时间一分一秒地流逝，生命也在逝去，而更多的人仍处于危险之中。在海浪之下，来自地球深处的石油正源源不断地流入墨西哥湾。正在流出的是原油，会污染海水，就好像给海面罩上灰白色烟雾。不久，钻井平台的大梁发出声响，巨大的平台慢慢被满是石油的深渊吞噬。现在是2010年4月20日，这里是"深水地平线"钻井平台。

12年前，"深水地平线"不过是韩国一家工程公司墙上的一系列蓝图。这个钻井平台是韩国现代重工集团为R&B猎鹰石油钻井集团建造的【后来这家公司和"深水地平线"平台一起合并成一个更大的公司——越洋钻探公司（Trans Ocean）】。这座巨大的平台被设想成一个与众不同的、可以移动的大型平台，可以使用创新的钻井技术，在墨西哥湾的深水中打油井。这是第一个可以移动的并且同时使用两类技术的创新钻井平台。

从2000年3月21日建第一个龙骨（一艘船的底部或潜水器）开始到2001年2月23日全部完工，韩国方面交付使用，它的建成造就了世界上最先进的钻井平台之一。这个平台能够在水深2400米处的海域作业，其最大钻孔深度为9100米。在2010年4月那个灾难日之前，"深水地平线"是大约200个可以在1500米深水下进行钻探的深水钻井平台之一。

在过去十年的大部分时间里，这个庞然大物已经在墨西哥湾的多个地点进行了钻探。这个钻井平台的科学家和工程师团队在他们来到马贡多采油作业几个月前还发现了"泰伯油田"（Tiber Field）——一个巨大的油源。泰伯油田油井是当时世界上最深的油井，比钻井平台的设计海床深度还要深 1500 多米。负责"深水地平线"钻井平台的团队发表了一份声明，声称任何还未开发的石油资源对于这个平台而言，都不会太深或太危险，没有油田资源是不能被征服的。

但在"深水地平线"的中心地带，一个祸端

▲ 多台钻机被转移到适当位置以钻穿泄压孔来释放深水井的压力

正在酝酿，这个工程奇迹因一系列的错误和疏忽而毁于一旦。第一个危险迹象是在 2010 年 3 月，当时美国海岸警卫队总共记录了 16 起火灾和石油泄漏事件。防喷器是钻井平台最重要的安全设施之一，它可以在钻探灾难发生前关闭整个系统，但在一起事故中防喷器遭到了损坏。虽然进一步的检查显示防喷器仍在全面运转，但并不是所有的工作人员都相信情况如此。

"深水地平线"到达了它的新作业地点——马贡多勘探地（位于美国路易斯安那州东南海岸 66 千米处），它有超过 100 名员工为越洋钻探公司（钻井平台的新所有者）、英国石油公司（BP）和其他私人承包商工作。到灾难发生前夕，已有 126 名男女工人在"深水地平线"上工作。这就像一个活动的蜂房被安置在海床上，为了获取宝贵的原油而不断地撞击地球。在那个决定命运的

灾难之后的生态环境

"深水地平线"的毁灭对英国石油公司、越洋钻探公司和失踪人员家属来说是灾难性的，同时墨西哥湾及其他地区的生态受到的影响最大。为了应对这个问题，美国政府采取了一系列措施，包括使用有争议的化学分散剂。这些药剂不会清除水中的油污，只会加速油污的扩散，使其稀释，防止油污堆积在海滩和自然栖息地。尽管分散剂减少了到达海岸线的石油量，但却使海洋生物更容易吸收石油。墨西哥湾的渔民说，虾和牡蛎受到的影响尤为严重，这两个物种的数量至今没有完全恢复。海豚也受到严重影响，许多死去的海豚被冲到路易斯安那州和佛罗里达州的海滩上。伊利诺伊大学厄巴纳-香槟分校（University of Illinois at Urbana-Champaign）的一份研究新生海豚和胎儿的报告发现，漏油事件使得海豚婴儿的死亡率大幅上升，这大大减少了海豚数量。

直到今天，小块的石油或"石油泡沫"仍然冲刷着墨西哥湾沿岸的海滩。然而，这场灾难最糟糕的遗留物仍然深藏在海浪之下。由于油井被封堵之前，就有大量

石油泄漏出来，再加上政府批准使用了化学分散剂，事故几个月之后大量的原油沉到了海床。这种被称为"海洋雪"的沉降速度呈指数级加快。在这一过程中，浮游生物等海洋生物会消耗掉石油并分泌同样浓稠的废物。这种高度黏稠的物质将海藻和其他碎屑混合在一起，形成大块的厚油物质，像岩石一样沉入海床。

▲ 钻井平台泄露的石油仍会被冲到墨西哥湾的海滩上

夜晚，那里弥漫着一种紧张的气氛。"深水地平线"的工作日程比原计划晚了几周，而且一系列事故严重打击了运行者们的信心。在3月，即平台爆炸前一个月，钻井平台的工作人员就报告了以下情况：井里突然有沼气溢出，钻出的泥浆落进海底油层，一条管道断裂并落入井轴内，还有三个独立的防喷器有漏液，这意味着它们可能已经失效了。人们的士气比深入地底的钻头还低。更糟糕的是，恐惧像烟雾一样弥漫在空中。一项对越洋钻探公司员工进行的秘密调查显示，由于担心遭到报复，员工们不敢上报逐渐增加的安全违规操作情况。在事件发生后的几个月里，对幸存者的调查和采访显示，这种恐惧感越来越重。

越洋钻探公司觊觎钻井平台的安全记录，甚至给一些员工发奖金让他们在安全记录中提供虚假数据以维持作业现状。该公司后来称这些做法只是出于公司对钻井平台安全记录不甚了解。"深水地平线"仍在钻探，但人们坚信：在它钢铁结构的中心，有些东西非常非常的不对劲。

2010年4月20日，"深水地平线"的工作日程已经比原计划晚了43天，而它正准备接待一批来自越洋钻探公司的高管。这些人被安排在钻井平台周围视察，以此重树对该项目和运营团队的信心。一个月前，英国石油公司的一位高管曾向美国矿产管理局（Minerals Management Service）发送电子邮件，报告管道被卡住的情况，并指出钻井平台应该堵住油井，并将钻机抽回以避免出现任何最糟糕的情况。4月20日下午5点，"深水地平线"钻井平台的工作人员终于开始将钻井抽回，并经过初步测试发现了一个问题。

由于测量到的压力值水平实在是太高了，越来越多的人员聚集在钻井舱进行观察，越来越多的人开始相信钻头有泄漏点。泄漏点可能意味着

大量的泥浆会把阻隔油流的密封装置鼓破。泄漏点也可能会造成高度易燃气体的积聚，然后可能会引燃并烧毁整个平台。这可能是工作人员听到的最坏的消息，但不管真正的原因是什么，总要有人找出原因并迅速解决。负责钻井作业的高级带班班长迈尔斯·兰迪·埃泽尔（Miles Randy Ezell）和白班钻井经理怀曼·惠勒（Wyman Wheeler）努力控制住人们的恐惧。当夜班人员在下午6点到达时，夜班经理杰森·安德森（Jason Anderson）下令进行第二次压力测试，结果表明油井没有泄漏，第一次测试的数据很可能是一个反常波动，并不代表整个勘探地点的真实压力。下午7点的钟声响起，钻井舱里回荡着如释重负的叹息声，白班的工作人员开始陆续离开。水下主管克里斯·普莱森特在甲板上擦去额前和头上的汗水。

在甲板之下，一群贵宾当时正在一个小型会议中心听取关于平台的安全汇报。埃泽尔悄悄溜了进去，然后他被人叫住了，大家向他祝贺。尽管钻井作业落后于计划，但是贵宾们还是非常高兴，因为这里在过去的7年里从来没有出现过伤亡事故。在一个像越洋钻探公司和英国石油公司所从事的具有潜在危险的行业，这是一个相当好的统计数据。屋里充满了轻松愉快的闲聊和人们热情地拍拍后背以示安慰的声音。

晚上9点30分，夜班经理安德森被叫回钻井舱。当工作人员开始倒计时，打开钻头栓，用水泥封堵油井时，油井的压力读数已经超过了最高指数。在下面一层，普莱森特和另一名工作人员正在快速浏览安装在钻井平台周围的闭路摄像机的现场画面。在看到一个画面时，他们中的一人突然停了下来，画面里钻机好像正在往外喷水。这样的事情也很寻常，但这一次是其他东西使这个工作人员的脸变得惨白。普莱森特从案头

针对"深水地平线"的调查

这场灾难造成 11 人死亡，并损失了一座价值 5.6 亿美元的钻井平台。灾难发生后，人们开始调查究竟是什么导致了爆炸，谁应该为这场灾难负责。报告由多个组织参与调查撰写，包括美国海岸警卫队国家事故指挥官撒德·阿伦（Thad Allen）上将、英国石油公司"深水地平线"石油泄漏和近海钻探国家委员会、海洋能源管理局、美国国家工程学院等。英国石油公司也进行了内部调查。

2012 年 11 月，英国石油公司承认 11 项与 11 名工人死亡有关的重罪，并支付了 40 亿美元罚款。2014 年 9 月 4 日，美国地方法官卡尔·巴比尔裁定英国石油公司犯有严重过失和违反《清洁水法》（CWA）的故意不当行为。他称英国石油公司的行为是"不计后果的"，并表示越洋钻探公司和哈里伯顿公司（北美最大的海上石油钻井服务公司）的行为是"渎职的"。巴比尔将漏油事故的大部分责任归于英国石油公司（67%），30% 的责任归于越洋钻探公司，3% 的责任归于哈里伯顿公司。

工作中抬起头，瞥了一眼屏幕：泥浆正从钻机和钻井里涌出来。可怕的事情已经发生了……

在钻井平台的主要开放作业面上，密封剂已经管涌，泥浆喷到 73 米高的空中，像一场厚厚的、黏稠的雨一样落在平台和工作人员身上。工作人员必须迅速行动，时间是至关重要的。如果有泥浆从破裂的油井中流出，那一定意味着空气里有可能有可燃气体，很可能会被点燃。安德森冲了下去，关上了一系列紧急阀门，试图阻止泥浆和气体的流动，但最糟糕的情况已经发生了：油井已经完全爆裂，甲烷气体从破裂处喷涌而出。安德森叫醒了正在睡觉的埃泽尔，并告诉他"深水地平线"发生的情况。这是最糟糕的情况，埃泽尔从床上一跃而起，冲出他的房间。

这是一个寒冷的春夜，狂风呼啸着吹过墨西哥湾，高度易燃的气体开始在钻井平台的外部聚集：只需要一丁点儿的火星，整个平台就会在熊熊火焰中爆炸。天然气正在平台内扩散，当它到达发动机室时，为平台提供动力的巨大柴油发动机熄火了。晚上 9 点 49 分，平台上的电力开始中断，紧急发电机开始工作。安德森现在正与其他钻探人员一起努力，试图阻止泥浆、天然气和石油的流动。3 分钟后，电灯开始闪烁。两种不同的但却同样发出巨大噪声的振动随之而来。在工作人员的下方，一股不正常的、加速的压力流把一个甲烷气泡送进钻机柱架。它冲破了一系列的密封，在遇到一个火花之后，甲烷被点燃，散布在平台周围的气体爆炸了，生成了超热的火焰，之后一片混乱。

当钻机柱架爆炸时，钻具自身就散架了。平台被汽化，主梁被炸毁。当钻井平台被火焰和有毒的浓烟吞没时，凶猛的大火喷向空中。原油喷涌而出，被下面熊熊燃烧的大火点燃，喷涌到空中，就像极度活跃的火山喷发出的熔岩一样。

当工作人员逃向连接在平台边缘的救生艇时，普莱森特冲下去，在烟雾、大火和已被损毁的走廊中摸索着抵达台桥。他要在那里找到紧急断开系统（EDS）。这个应急保护系统仍有可能运行，如果它还能正常运转，它可以关闭油井并停止燃烧着的原油到处流动。该系统将在海底封堵油井，然后将钻井平台与油井断开以保护油井。这是唯一能阻止更大爆炸、也是唯一能救钻机的装置。当他触到控制面板时，钻井平台的台长命令他停止操作，不要激活应急保护系统，但普莱森特已经看到熊熊大火遍布每层楼，正吞噬着整个钻井平台。他无论如何都要按下开关，但他按下开关后什么都没有发生。应急保护系统失灵了，石油和天然气的流量仍有增无减。不能否认，钻井平台已无法挽救，必须在它完全破裂并

可能沉入墨西哥湾之前放弃它。

穿过钻井平台，埃泽尔时而清醒，时而昏迷。他被爆炸打了个措手不及，而现在他被一根扭曲的钢梁砸到了腿。空气中弥漫着烟雾，四处闪耀着火光，他拖着腿，一瘸一拐地向他能感受到新鲜空气的方向走去。过了一会儿，埃泽尔意识到他根本没有靠近窗户——他的面颊感觉到的是一股甲烷气体，气体潮湿得像汗水一样落在他的脸上。当他离开这股气流时，他发现了受伤的怀曼·惠勒。尽管惠勒极力要求埃泽尔离开并自救，但埃泽尔还是拖着他穿过走廊，把他绑在紧急担架上，并拖着这个受伤的人穿过钻井平台的废墟。在这一阶段，大部分工作人员已经逃离，两艘主要救生艇已经下水，并驶到安全距离之外。当埃泽尔和惠勒出现在露天甲板上时，燃烧着的熊熊火焰仍在上方咆哮，一团团气体点燃了钻井平台，使其摇晃。埃泽尔把他的同伴俯卧

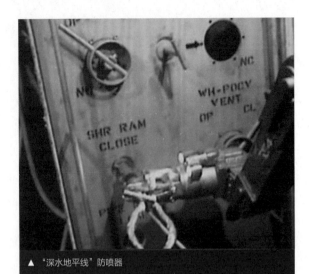
▲ "深水地平线"防喷器

谁是"深水地平线"事故真正的罪魁祸首？

2010年9月28日，爆炸发生6个月后，英国石油公司在经过广泛的内部调查后，发布了一份深度报告。该公司知道它正在接受审查，因此希望自己能先行一步，先行得出结论。这份长达193页的报告称，在4月20日进行钻探的越洋钻探公司员工未能正确解读当晚两次压力测试收集到的数据，从而加速了这场最终导致油井被毁和原油泄漏的事故。报告虽然也声明工作人员本应该早些时候重新定向易燃气体的流动，但也承认公司确实忽视了哈里伯顿公司的建议，其中包括增加扶正器（一个使套管或衬管固定在钻井孔中心以确保有效放置水泥护层的装置）以防止像"深水地平线"这样的灾难。英国石油公司也反复声称钻井平台的安全记录不准确，原因是数据造假和沟通不畅。

两个月后，漏油事件委员会得出结论，认为英国石油公司没有为了赚钱而置安全于不顾，但公司的某些决定增加了石油钻井平台的风险——包括由于"急于完成任务"，而致使在事故发生当晚，对于一些已经发生的程序问题没有给予应有的关注。委员会还确定了六个关键点，包括在32小时内进行了六项不同的操作、对设备的操作和测试没有完成或彻底失败才导致"深水地平线"钻井平台发生爆炸。

首先，有一个小直径的孔洞阻塞了污垢循环，导致压力不断升高以致积累到危险程度，从而引发了第二个和第三个问题。而后两个问题与封井用的水泥有关：其一，封井用的水泥的用量不够；其二，用于阻止水泥倒流的阀门没有密封，造成了进一步的问题。在后来的两次压力测试中，数据没有得到正确的解读，不断上升的天然气和石油含量也没有得到充分的监测，系统没有发出警告。最后，井口的应急保护系统无法关闭，导致最终的爆炸。

着的身体拖到一个紧急备用筏上，两人一起沉入水中的时候，其余的人员也都安然无恙地从平台上下到冰冷的水中。在平台上的126名工作人员中，有115人被转移到安全地带，其中94人被救生艇转移到泰德沃特公司所有的供应船"达蒙·班克斯顿号"上，4人被转移到附近的另一艘船上，17人被直升机转移到阿拉巴马州莫比尔和路易斯安那州马雷罗的创伤中心。不幸的是，并不是"深水地平线"上的所有工作人员都幸免于难。共有11人死亡（9名操作台工人和2名工程师），包括夜班经理和带班班长杰森·安德森。

这起事故不但造成了令人痛心的生命损失，而且导致钻井平台燃烧了36个小时，直到其结构完全崩溃，沉入墨西哥湾，被海浪吞噬。但是"深水地平线"的毁坏和人员的伤亡只是更大灾难的开始。由于油井破裂，无法封堵，原油从海床涌出，流入周围水域。那时，石油泄漏的严重程度并没有立即显现出来。美国有线电视新闻网援引海岸警卫队士官阿什利·巴特勒（Ashley Butler）的话说："石油正以每天大约8000桶（130万升）原油的速度流出。"油井最

▲ 石油扼杀了海洋和海洋生物，对野生生物造成了持久的损害

终在2010年9月19日被封堵，在此之前，超过5个月的时间里石油持续泄漏到墨西哥湾。美国政府估计总排放量为490万桶（7.8亿升），但直到2012年仍有报道称，"深水地平线"钻井平台仍在向已经严重污染的水域泄漏原油。

对流进墨西哥湾的石油的清理工作一直持续到现在。美国政府用7000立方米的"Corexit"石油分散剂和可控的燃烧方式来去除原油并试图阻断"深水地平线"燃烧后遗留下来的黑色潮水。生态系统遭到严重破坏，从金枪鱼到海豚，所有生物都遭受了严重的损害。"深水地平线"事故仍然是历史上最严重的石油钻井平台灾难之一。

▲ 从40英里之外可以看见第一个爆出的火球

经验教训

"深水地平线"灾难并不是第一个发生爆炸和石油泄漏的钻井平台。第一个发生此类事故的石油钻井平台是1988年的帕珀尔·阿尔法钻井平台。当时肆虐的大火，造成了167人死亡，是有历史记录以来最严重的钻井平台事故。

"深水地平线"事故对未来的钻井平台维护和深海石油钻探产生了深远的影响。这场灾难带来的最大的后续问题是污染和如何去除污染。世界各地的科学家正在研究新的方法，以更快地检测和测量有毒物质泄漏。当"深水地平线"未封口的油井已向海中注入了近4万加仑的石油时，美国海岸警卫队还是无法搞清漏油的规模。人们希望，新的检测方法将有助于在其他类似灾难发生时极大地减少盲点。

另外，使用分散剂也是一个问题，大量的化学物质被用于消除原油，据说这样做会对海洋生物和墨西哥湾的环境产生了非常不利的影响，所以美国政府现在正着手改变应对手段以应付不断升级的与石油相关的灾害。

"虽然联邦政府在石油问题的应对和补救工作方面很有经验，但是我们使用了太多的资源来应付这件事，'深水地平线'事件的规模和复杂性正在以前所未有的方式给我们造成巨大的压力。"美国国家海洋和大气管理局官员简·卢布琴科在2012年的一份声明中如是评价。"我们在这场巨大的灾难中吸取了很多教训，我们希望吸取的这些教训和习得的经验能够在未来的事故还未发生或发生的过程当中就得以发挥作用。"

西班牙流感

1918 年，西班牙流感造成的死亡人数比第一次世界大战造成的死亡人数还要多。一种病毒为何会有如此之大的破坏力？

概况

- **死亡人数: 2000 万至 4000 万人**
- **全世界范围**
- **1918—1919 年**

西班牙流感袭击了一个已经被第一次世界大战摧毁的世界，它是现代史上最致命的流行病之一，感染了当时世界上 1/3 的人口。

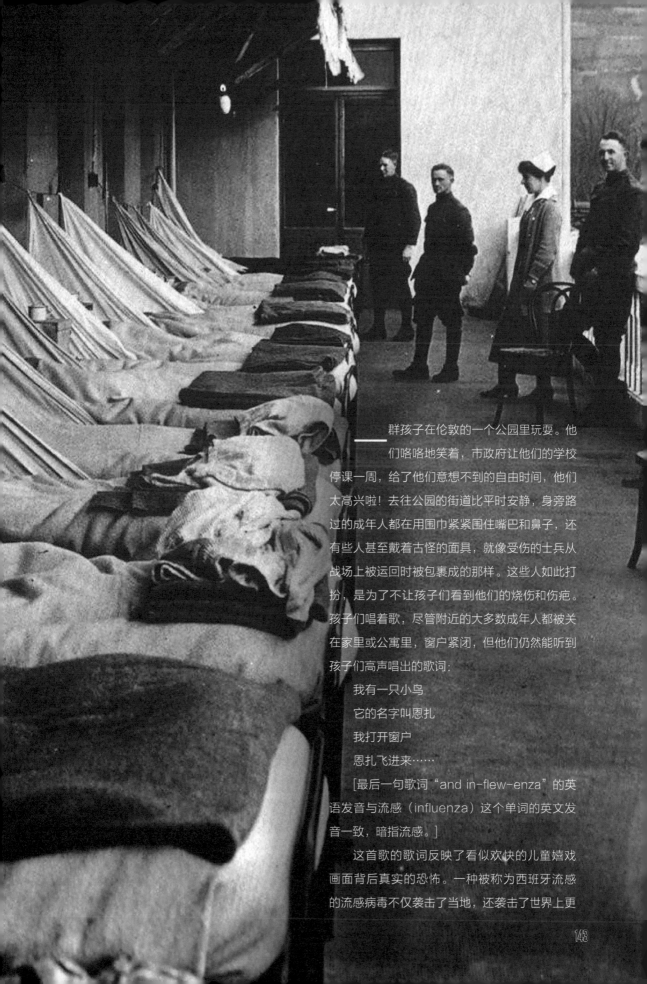

　　群孩子在伦敦的一个公园里玩耍。他
们咯咯地笑着，市政府让他们的学校
停课一周，给了他们意想不到的自由时间，他们
太高兴啦！去往公园的街道比平时安静，身旁路
过的成年人都在用围巾紧紧围住嘴巴和鼻子，还
有些人甚至戴着古怪的面具，就像受伤的士兵从
战场上被运回时被包裹成的那样。这些人如此打
扮，是为了不让孩子们看到他们的烧伤和伤疤。
孩子们唱着歌，尽管附近的大多数成年人都被关
在家里或公寓里，窗户紧闭，但他们仍然能听到
孩子们高声唱出的歌词：

　　我有一只小鸟

　　它的名字叫恩扎

　　我打开窗户

　　恩扎飞进来……

　　[最后一句歌词"and in-flew-enza"的英
语发音与流感（influenza）这个单词的英文发
音一致，暗指流感。]

　　这首歌的歌词反映了看似欢快的儿童嬉戏
画面背后真实的恐怖。一种被称为西班牙流感
的流感病毒不仅袭击了当地，还袭击了世界上更

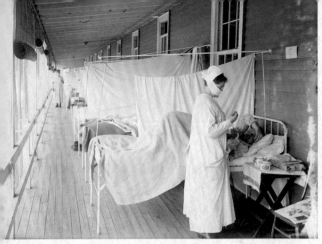

▲ 在华盛顿的沃尔特里德医院，一名护士在一条室外的走廊上检查病人的情况

广泛的地方，并迅速传播，不加选择地袭击着人们。年轻人、老年人、病人和健康人都受到了感染，至少有10%被感染者会死亡。这是一个刚刚经历了战争恐怖的世界。许多家庭没能看到自己的父亲、兄弟或丈夫从战场上回来，而另一些家庭虽然看到自己的家人回来了，但回来的人再也不是原来的样子了——他们的经历对身体和精神都造成了损伤。当战场上的人归来时，那些被留在后方的人希望世界会回到原来的样子，他们会重新过上平静、幸福的生活，但很显然，一个新的甚至更致命的威胁正在向他们袭来。

第一次世界大战可能是导致西班牙流感大流行的罪魁祸首，这场流感最终导致世界各地许多人丧生。到战争结束之前，法国北部狭窄、肮脏、潮湿的战壕里开始出现疾病。这种疾病在当地被称为"lagrippe"，具有传染性，并在士兵中传播。人们生病的样子被归结为战争经历

导致的"厌世"。事实上患者们的免疫系统很脆弱，他们营养不良，这意味着他们的身体没有足够的力量来抵抗疾病。他们不能进食，出现喉咙痛和头痛的症状。在生病后的三天左右，许多士兵——但并不是所有人——通常会开始感觉好一些，但大多数人最终未能平安回家。利奥·曼斯菲尔德·马修斯（Leo Mansfield Matthews）中尉，35岁，自愿服兵役，自1916年9月起一直在前线。1918年6月25日，他在前线的医院去世。他的战友们记得他是一个快乐、聪明、自信的人，"即使在最令人沮丧的时刻"，他也能让战友们振作起来。

1918年夏天，军队开始乘火车返回英国。这些士兵生病了，身上携带着未知的病毒，他们把病毒传播到了很多城市、城镇和村庄。对他们的家人来说，回家的喜悦可能很快就会被恐惧和悲伤所取代。许多人——包括士兵和平民——没有迅速恢复。这种病毒尤其对20岁到30岁的年轻人有影响，这些人得病以前身体都很健康。据《泰晤士报》报道："那些感觉很好、早上10点还能工作的人，中午就病倒了。"

继最初的头痛和疲劳症状，他们出现了干咳、食欲不振、胃部不适，然后在第二天出现多汗症状。随后，呼吸器官开始受到影响，并发展成肺炎——这便发生在19岁的伦敦人霍华德·布鲁克斯（Howard Brooks）身上，他感染了流感，随后死于肺炎。同样，27岁的海军教官乔治·卡特（George Carter）死于一场流感后的感染性肺炎。没有抗生素——没有什么药物可以让他们病情好转。相反，研究人员给人们的建议是呼吸新鲜空气、保持清洁、饮食健康以及持续消毒。

自1918年1月起，各大报纸都在报道流感后的死亡病例，但并没有明确说明这些病例之间

▲ 1918 年，加拿大农民试图保护自己免于被西班牙流感病毒感染

有任何联系——相反，它们被报道为孤立的、不相关的病例。在英国，人们正因为流感而死去，但西班牙却受到了更多的关注。然而，甚至在 1918 年 5 月，西班牙驻伦敦大使还声称："在西班牙爆发的流行病并不严重。该疾病表现为流行性感冒症状，伴有轻微的胃功能障碍。"但一周后，《泰晤士报》采取了一种不同的、更让人恐慌的方式报道了此事。该报将大使的公关言论报道为真实的声明："到目前为止，西班牙在 10 天内已有 700 人死亡。"据报道，自该病毒"出现在马德里"以来，两周内已有超过 10 万人感染。报界开始后悔自己先前的乐观论调，并声称这种流行病"已经过了开玩笑的阶段"。至此，流感已经蔓延到西班牙之外的摩洛哥。西班牙国王阿方索十三世和显要的政治家们都病倒了。在学校、军营和政府大楼等人员密集的工作或生活场所，30% 至 40% 的人口正在受到感染。马德里不得不减少有轨电车系统服务，电报服务也受到了干扰，这两种情况都是因为没有足够健康的员工来工作造成的。医疗服务和供应品的需求压力越来越大，服务也越来越差。

据传，英国大部分地区的潮湿天气可能会阻止流感在当地蔓延。

电影明星之死

哈罗德·洛克伍德（Harold Lockwood）是西班牙流感大流行期间备受瞩目的受害者之一。他1887年4月12日出生于布鲁克林，但在新泽西州的纽瓦克长大，父亲是一位养马人。他后来成为一名美国无声电影演员，也是20世纪初年最受欢迎的电影院日场偶像之一。和他的许多同时代人一样，他的职业生涯始于杂耍表演，1910年才转向新兴的电影行业，《犹他新闻》（*Deseret News*）上他的讣告称："……从那时起，他的进步很快。"他和梅·艾利森（May Allison）一起出演了20多部电影，他们成了银幕上有名的情侣。他还在电影《暴风雨之乡的苔丝》（*Tess Of The Storm Country*）中与玛丽·碧克馥（Mary Pickford）演对手戏，他既是演员，也是电影的导演和制片。他还为《电影》（*Motion Picture*）杂志写了一个定期专栏。

第一次世界大战期间，哈罗德在后方阵线工作，帮助出售政府债券——自由公债。他仍然继续他的电影工作，并在1918年开始在曼哈顿拍摄电影。然而，他后来患上了西班牙流感，之后又转成了肺炎。1918年10月19日，31岁的哈罗德·洛克伍德在纽约伍德沃德酒店去世，留下妻子和10岁的儿子。三天后，他被安葬在布朗克斯的伍德劳恩公墓，他尚未完成的电影必须用替身完成。

报纸上他的讣告写道，除了他短暂的歌舞表演生涯外，"除了在电影中，他从未出现在公众面前，他是成功的电影明星中最好的典范之一。"《电影故事》（*Photoplay*）杂志也同样赞赏洛克伍德，称他谦虚、工作认真，是个"名副其实的干净、健康、有价值的美国年轻公民"。

他的许多电影继续在电影院里放映；1920年年底，在他死后两年，电影《百老汇比尔！》（*Broadway Bill!*，1918年）在伯威克的柏威年剧院和综艺剧院放映，《荣誉人士》（*A Man Of Honor*，1918年）在朴次茅斯放映。

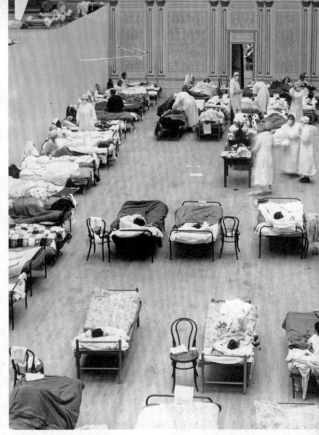

▲ 一座礼堂被改成了临时医院

很快，西班牙流感便蔓延到欧洲大陆的其他国家。1918年7月5日，《每日镜报》报道了一位身份显赫的死者——一位土耳其苏丹王的死讯。但报纸认为他的死无足轻重，"在他的顾问看来，他的死无关紧要。"维也纳和布达佩斯正在遭受苦难，德国和法国的部分地区也受到了类似的影响。据报道，柏林学校的许多儿童生病并离校；在武器和军火工厂，缺勤影响了生产；在法兰克福的工厂，高达50%的工人患病。随后，疫情蔓延到瑞士，瑞士军队的士兵中报告了7000例病例。特拉弗斯谷的莫捷镇有一半人口患病，电报和电话服务都因缺乏健康的工人而受到影响。

医生们不知道该建议人们做什么，许多医生敦促人们避开拥挤的地方，或者干脆避开其他人。

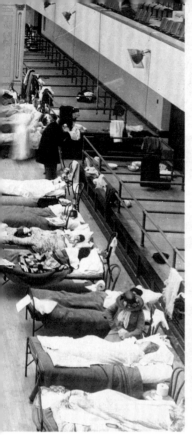

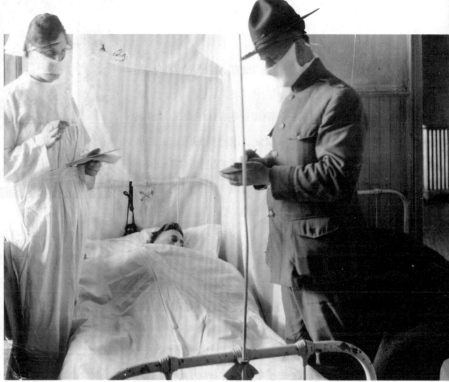

▲ 在军队医院里，相邻病人的床是反方向摆放的，这样他们就不会对着彼此呼吸

最初，当该流行病仍被认为仅流行于西班牙时，人们注意到，男性比女性更容易受到感染，成年人比儿童感染的风险也更大。同样，当它成为一种流行病，并蔓延到瑞士时，人们再次强调，20岁至40岁的男性面临的风险最大。也有人说，那些在中年滑坡期的人一旦感染病毒后更有可能死亡，因为他们太过努力地对抗这些症状，而不是简单地服用一些奎宁，然后带着热水瓶上床睡觉。

"西班牙流感"一词很快在英国流行起来。英国报纸将当地的流感疫情归咎于西班牙的天气——那里的春天干燥多风——这是一个"令人不愉快和不健康的季节"，大风扩散了携带微生物的灰尘。因此，人们认为英国大部分地区的潮湿天气可能会阻止流感病毒在当地传播。

由于第一次世界大战，许多普通人对外国事务产生了兴趣，他们读到了关于这种流行病的信息，与朋友们讨论它，并预计它会来到英国。阴谋论层出不穷：有人说有可能是德国人携带了含

▲ 根据公共卫生海报上的内容，随地吐痰会传播西班牙流感病毒

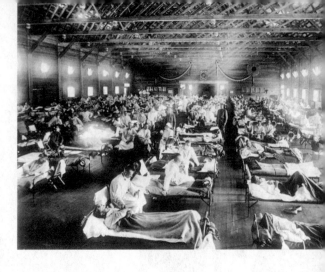

有所有已知病毒培养物的试管，企图感染其他国家；也有人说可能是这个"谜之国度"——俄国的所作所为。前一种阴谋论在1918年6月底被揭穿，当时德国军队遭受了流行病的袭击，许多士兵病得无法作战。这种病毒的副作用之一似乎是严重抑郁，对生活缺乏兴趣，但也可能是那些想破坏士气的人臆想出来的。据报道，一名患者说："嗯，它治愈了野心。"这句话总结了这种疾病不为人知的一面。医生不知道该向病人建议什么，许多医生敦促人们避开拥挤的地方，或者干脆避开其他人；也有人给出了治疗方法，包括吃肉桂，喝葡萄酒，甚至喝一种果肉类饮品；也有一些好消息，有报道称："……众所周知，流感在德国各师团中大手笔地分发不受欢迎的东西。"媒体以一种相当英国的方式写道，曾经强大无比的德国人被一种普通的病毒击倒，这相当滑稽。

阴谋论的盛行也许是不可避免的——在战争期间，英国报业要受到审查，如果报业在流感大流行早期承认它的严重性，这可能会影响国家的士气。但是，以西班牙为例，该国没有新闻审查制度，报纸上发表的关于这种疾病的描述更为自由。这使得人们错误地认为这是一种西班牙特有的疾病——"西班牙流感"——于是这个名字就流传下来了。同样，就像英国媒体做的那样，德国军方也在强调流感对敌军的影响并取得了有效的宣传效果。英国的各种报纸——政府主导的报纸或其他报纸都有意强调敌军的发病情况，而弱

▼ 1918年，在华盛顿特区，红十字会紧急救护站正在提供服务

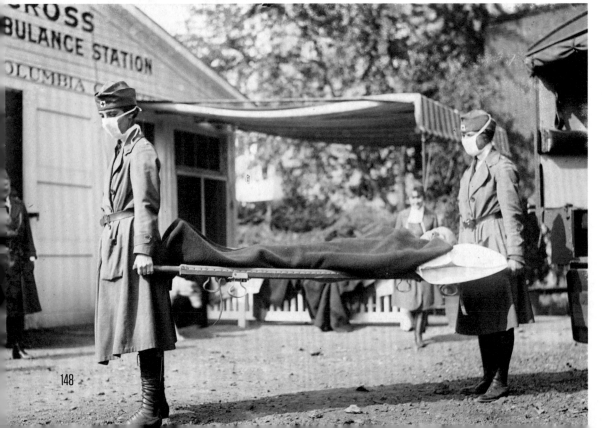

化流感对英国军方和平民造成的影响。

到1918年6月25日,英国人才意识到,西班牙的流感已经蔓延到了英国。当天在赫特福德郡(Hertfordshire)举行的一次会议上,议员们听说莱奇沃思(Letchworth)的两家工厂报告了600例流感病例。这里的医院给出的医疗建议是:不要去电影院和其他拥挤的地方,如果外出,要遮住口鼻。在此前的9天里,贝尔法斯特济贫院的医务室治疗了200名流感患者。仅一天之内就报告新增了45例病例。与此同时,卡迪夫(Cardiff)中央邮局的40名工作人员患病,哈德斯菲尔德的所有学校由于疫情已经关闭一周。到那个周末,也就是6月28日,英国的报纸上刊登了一则公告,建议人们注意流感症状——但结果证明,这实际上是福尔明(Formamints)的广告。福尔明是由一家生产和销售保健维生素的公司生产和销售的一种药片。广告称,这种药片是"……预防感染的最佳手段",每个人——男人、女人和孩子——都应该每天吃四五片这种药片,直到他们感觉好些。当医学界似乎没有更实用的建议时,有人甚至在人们濒临死亡的时候,还在通过宣传治疗方法而牟利。

到7月初,疫情严重影响了伦敦纺织业,一家工厂400名工人中有80人在一夜之间染病。据说,在伦敦,平均有15%到20%的劳动力患有流感。在萨里郡(Surrey)的埃格姆(Egham),一所学校在一天内报告了133例新增病例。许多矿工病倒了,以致诺森伯兰郡(Northumberland)和达勒姆(Durham)的采矿产量大幅下降,而诺丁汉郡曼斯菲尔德(Mansfield, Nottinghamshire)的一个矿井,有250名矿工在一天内染病。城市中心受到的打击尤其严重,包括诺丁汉、莱斯特和北安普顿等地都有很高的感染率。据推测,这是因为这些地区的许多工人都在室内工作——"实际上从事户外工作的人更具免疫力"。

一旦一个人被感染,其他人很快就会被传染。在威斯敏斯特的圣文森特·德·保罗修道院,一名13岁的女孩死于流感——据说她已经感染了该修道院的另外62人。两名10岁的男孩在德普特福德(Deptford)死亡,验尸官被请求给一些医学建议,验尸官建议人们应该每天早上用盐水清洗嘴巴和鼻孔,以避免感染,但显然这没有用。在伯明翰,医生们说他们已经无计可施了,无法处理这么多的病人——一天早上,一名医生来到他的手术室,发现将近200名病人在等着见他。曼彻斯特的药剂师不得不引入一种管理排队的系统,因为来治疗的人实在太多了。疫情还是引发了一些意料之外的事件——一名因重婚罪而在巡回法院受审的男子因为感染了西班牙流感而逃脱了起诉。究竟是他病得不能出庭,还是因为法院官员们害怕传染,不得而知。另一名自称患有弹震症①的退伍军人约瑟夫·杰克逊(Joseph Jackson)因酒后袭击一名警官而被判入狱6个月。他为自己辩护说,他一直患有西班牙流感,一位朋友建议说喝浓啤酒就能治好病。他听从了建议,结果却适得其反。

在谢菲尔德,14岁以下的儿童被禁止去电影院,因为当地官员认为此举将有助于"消灭"流感疫情。在罗瑟勒姆监护委员会的一次会议上,一名职员报告说,主席因患流感而缺席,一名穷人的法律监护人也缺席了,5名军队护士、1名护士长、3名护士和1名工程师都在当地染病了。那位职员的妹妹也刚刚死于西班牙流感。

———————————

① 弹震症,指第一次世界大战中在前线服役的士兵患的一种心理疾病,士兵因为战争的残酷而感到极度恐惧和困惑。

健康工人的紧缺影响到日常生活的各个方面：市政工作人员不得不成为掘墓人，铁路工人开始制作棺材，救护车司机发现他们的车现在成了灵车。与以往的历史灾难一样——在过去的几个世纪里，瘟疫一直困扰着英国——由于死亡率极高以及流感对幸存者的影响，公共服务压力倍增。

这一流行病已迅速发展成爆发趋势，在世界各地蔓延开来。1918年8月，6名加拿大水手在圣劳伦斯河上死于一种"奇怪的疾病，这种怪病被认为是西班牙流感"。同月，瑞典军队、平民和南非工人都有病例。然后，在接下来的一个月，流感通过港口到达波士顿，到10月底，在美国有近20万人死亡。尸体堆积得如此之多，据说有些家庭不得不为自己的亲人挖坟墓。农场工人短缺，影响了夏末的收成。和英国一样，由于缺乏人手和资源，其他服务，如垃圾收集，也面临压力。

与英国的情况类似，关于怎样才能最好地避免感染，美国人得到了相互矛盾和令人困惑的建议。他们听到建议：不要与他人握手，待在室内，不要触摸图书馆的书籍，戴上口罩。学校和剧院关闭，国家颁布了禁止随地吐痰的卫生法规。在某种程度上，阿司匹林的使用被认为是造成疾病大流行的原因，而实际上它可能对病人有帮助。由于第一次世界大战导致一些地区缺乏医生，而那些战后还活着的医生，其中许多也病倒了。临时医院由学校和其他建筑物搭建而成，医学院学生不得不代替一些正式的医生来给病人看病。

在美国，流感病毒无差别地侵袭了社会各个阶层的人。据说时任总统伍德罗·威尔逊也被感

尸体堆积得如此之多，据说有些家庭不得不为自己的亲人挖坟墓。

染了；1918年12月，被称为"多伦多非常富有的人之一"的考夫拉·穆洛克在纽约死于该流感。美国海军中40%的人也染了病。据估计，28%的美国人感染了这种病毒。

在其他地方，死亡率甚至更高。流感蔓延到亚洲、非洲、南美和南太平洋地区。在印度，每1000人中有50人死亡，这是一个令人震惊的数字。随着第一次世界大战的结束，流感爆发成为一场新的战争，在世界各地打响。回到英国，1918年11月，下议院听取了陆军部关于英国士兵感染西班牙流感的人数的报告：10月，421名英国士兵在法国死于流感，超过1000人死于流感引发的肺炎。这只是一个月内，一个特定的职业，在一个国家的一个地方的数据。此前一个月，法国有近2.5万人因流感住院。在世界范围内，这个数字要大得多，甚至大到难以想象的程度。

到1919年春，据报道，死于西班牙流感的人数正在减少，但这并不意味着它很快就结束了——1919年3月，一家苏格兰报纸在刚刚报道了流感患病人数下降之后，接着报道了这样一个故事：阿伯丁郡圣库姆斯的威尔逊家族刚举行了三个家庭成员的葬礼，紧接着家族里的一个孩子也死了，灵车把他送往墓地。这个家庭的人"几乎都被西班牙流感害死了"。尽管流感最终消失了，但它已在许多国家肆虐，然而当时医学界却无力做任何事情来阻止它之前的蔓延。这让人们想起了500多年前的黑死病，它同样给世界造成了极大的恐慌。

今天，一位女士坐在她位于英格兰中部郊区的公寓里。她心怀满足；她已近百岁，一生经历丰富多彩。但没有人知道她这一生的开始是多么

富有戏剧性。1918年，当她母亲怀着她时，她的父母都感染了西班牙流感。人们最担心的是她母亲的病情，然而却是她的父亲在她出生的三周前去世了。即使在今天，在21世纪，曾经的西班牙流感大流行仍然影响着人们的生活，人们还记得它曾经影响过自己和家人。

事 实

2000 万至 4000 万
在世界范围内的死亡人数

675000
据估计美国死于流感的人数

5 亿
全球范围内被感染的人数

12
因流感美国的预期寿命下降的年数

228000
英国死于西班牙流感的人数

10%—20%
感染者的死亡率

2
流感峰值期年数
（1918—1919）

50000
加拿大死于西班牙流感
的人数

▲ 在西雅图，人们必须戴口罩才能乘坐有轨电车

概况

- 死亡人数: 7人
- 得克萨斯州和路易斯安那州，美国
- 2003年2月1日

"哥伦比亚号"已经进入轨道并完成了任务，但在返回地球时，灾难发生了。发射时一块泡沫在航天飞机上造成一个孔洞，当航天飞机垂直下降穿过大气层时，航天飞机上的机组人员再无生还的希望。

"哥伦比亚号"灾难

从一开始，在"哥伦比亚号"航天飞机上执行任务的
7名机组人员便注定会殒命，这一切是怎么造成的？

在太空航行地面指挥中心，有三个字是你不想听到的——"锁上门"。因为一旦说出这些字，就代表任务已经失败了，恢复所有数据的艰巨任务必须马上开始。这句话出现在了2003年的美国载人航天任务中。

2003年2月1日，"哥伦比亚号"航天飞机在太空停留两周后返回地球时解体，7名机组人员当场死亡。除了1986年的"挑战者号"失事，这是当时单次太空飞行失事中死亡人数最多的一次。镜头捕捉到了"哥伦比亚号"在返航中解体这令人震惊的画面，接下来的几个月乃至几年内，一些令人震惊的结论被公之于众。

"哥伦比亚号"是美国国家航空航天局的旗舰航天飞机。在20世纪70年代第一次设计航天飞机项目时，第一个飞往太空的飞船被命名为"哥伦比亚"（一个名为"企业"的测试器此前已飞入过太空）。航天飞机最初是一种多用途轨道

交通工具，后常被用于在太空微重力环境下进行科学研究。1998年，航天飞机的新用途已经被设计出来。美国国家航空航天局和俄罗斯联邦航天局（Roscosmos）决定建造一个前所未有的大型空间站：国际空间站（ISS）。航天飞机的新任务是为这个价值1000亿美元的足球场大小的巨大轨道前哨运送美国方面所需的大部分组件或模块。因此，执行科学研究任务开始退居次席，大部分的航天飞机飞行任务要么是进行组装任务，将新的模块运送到国际空间站，要么是执行为国际空间站提供补给的任务，而有价值的科研工作任务少之又少。

科学界一片哗然，担心他们错过利用航天飞机在轨道上进行开创性科学研究的大好机会。为此，美国国家航空航天局承受着巨大的压力，必须证明每年在航天飞机项目上花费40亿美元是合理的，因此航天飞机STS-107被选择执行某

153

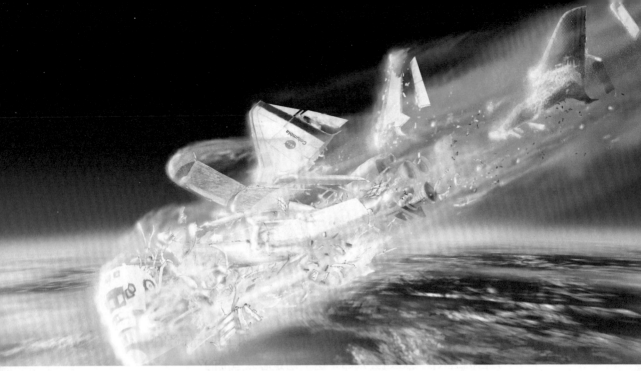

▲ "哥伦比亚号"航天飞机在重返大气层时解体的画面十分具有视觉冲击力。左翼已经受损，是第一个断裂的结构部件

在接下来的几个月乃至几年内，一些令人震惊的结论被公之于众。

些科学任务，算是航天飞机项目回归科学的一种方式。在该架航天飞机上的货舱里装备有一个当时最先进的研究实验室，名为太空生活舱（SPACEHAB），它将在大约两周的时间里在轨道上进行80个科学实验。为了完成所有这些任务，机组人员被分成两队——红队和蓝队，这样他们就可以24小时不间断地轮班工作，完成分配给他们的大量工作。

STS-107的飞行员威廉·麦库尔（William McCool）在发射前接受英国广播公司采访时说："如果我们不在太空里一天工作24小时的话，我们就会浪费8个小时的时间用于睡觉，而这些时间本来可以用于科学研究。……我们的目的是把我们在轨道上的24小时中的每一分钟都和科学联系起来。"

事实上，他们做的这些实验并不是为了吸引公众，因为这些实验并不是最令人们兴奋的选择。举个例子，其中一个实验是对中东上空的尘埃进行研究。另一个实验是从玫瑰和水稻中提取油，用于香水研究。除了在一些动物（如蜘蛛）身上进行失重状态观察的实验外，并没有太多东西能吸引大众的目光，但这次的任务是科学界想要的。在轨道上停留16天后，任务宣告成功。

然而，由于这次任务的性质是进行科学研究，并不属于国际空间站组装工程的一部分，这导致它的执行日期不断地被推后以支持那些被认为更重要的任务。STS-107最初计划在2000年5月发射，但实际上一直等到2003年1月，在这期间它还进行了十几次其他飞行任务。对于执行这次任务的机组人员来说，有些人是第一次飞行，这是一个漫长的等待过程。

最后，日期定下来了：2003年1月16日。这是这架航天飞机的第113次飞行任务。和其他任务一样，机组人员要为这次飞行进行准备。"哥伦比亚号"是在佛罗里达州肯尼迪航天中心的发射台上发射升空的，它搭载的巨型履带式飞机具有标志性意义。一切看上去都很好。在当地

时间上午10点39分，它起飞了。在此次发射之前，似乎有迹象表明这架航天飞机的巨大橙色供油箱存在问题。这个供油箱在装满燃料——液氢和液氧后，外面要覆盖隔热泡沫，隔热泡沫会阻止外层结冰。如果查看航天飞机的照片，你会注意到燃油箱是由支柱连接在飞机上的。支柱旁边是带两脚架的泡沫坡道，用来减小支板上的空气动力压力。但这些小斜坡是暴露在外的，在STS-107之前的几次飞行中，部分斜坡在发射过程中脱落。但是，这些带有斜坡的支架对航天飞机可能会造成严重影响的观点并没有得到重视。在这种情况下，STS-107还是起飞了。但在飞行82秒后，左边的泡沫斜坡两脚支架断了，一块泡沫撞向航天飞机的左机翼。最初这并没有被发现，但发射两小时后，在高分辨率镜头中人们看到了这一过程。发射没有中断，航天飞机在上升过程中没有经历返回大气层时的那种高温。然而，这个支架问题比人们认为的要严重得多。

为了应对返回大气层时的极端高温，航天飞机底部有非常先进的热保护系统（TPS），还贴有一种黑色瓷砖，这种瓷砖可以承受1650摄氏度的温度。

航天飞机的机头和机翼的前缘采用了一种超强材料——强化碳碳复合材料（RCC），以应对飞行中强烈的空气动力。在建造飞机时采用这种材料是想让飞机更加结实，但是没有人会想到它们会被一块掉落的泡沫严重损坏。事故发生后，调查人员重演了泡沫撞击机身的过程，以确定这种情况是否可能发生。他们用另一架航天飞机的

▲ 泡沫撞击在机翼上的画面

事实

82 秒后，这块致命的泡沫击中了"哥伦比亚号"重要的左翼

255 次成功完成绕轨道飞行任务

"哥伦比亚号"在轨道上飞行了 15 天 22 小时

"哥伦比亚号"在轨道上飞行了 660 万英里

29 个月后，航天飞机再次飞行

解体时的飞行速度为 12738 英里/小时

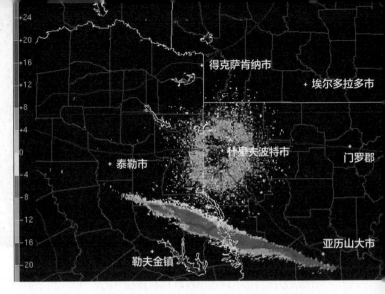

机翼来做实验，在实验中以"哥伦比亚号"发射时的速度和角度向机翼发射泡沫碎片。结果毫无疑问，泡沫可以轻易地在机翼上穿出一个洞。然而，在"哥伦比亚号"飞行的时候，人们并不知道这些。当宇航员在太空执行任务时，他们根本不知道他们实际上是在一个嘀嗒作响的定时炸弹上。当泡沫在机翼上打出一个洞后，热气体会进入机身使航天飞机无法安然无恙地重返大气层。几乎可以肯定的是，在此情况下，除了用另一架航天飞机进行救援外，"哥伦比亚号"的机组人员是不可能得救的。

　　飞行指挥韦恩·黑尔（Wayne Hale）后来在网上的一篇博客中透露，时任任务指挥中心主任乔恩·哈波德（Jon Harpold）曾说："你知道，我们对热保护系统的损坏无能为力。""如果热保护系统坏了，最好不要让人知道。我想机组人员宁愿不知道。你不认为，让他们快乐地、成功地飞行，然后在进入轨道时意外死亡，要比让他们

除了看到几张焦虑的面孔外，没有多少人能想到他们会失去这架航天飞机。

留在轨道上，知道在空气耗尽之前什么都做不了要好吗？"至此，太空航行地面指挥中心的工作人员只能残忍地决定继续执行任务，期待能有最好的情况发生。着陆时间定于2003年2月1日美国东部时间上午9点16分。

　　当"哥伦比亚号"重返大气层时，除了看到几张焦虑的面孔外，没有多少人能想到他们会失去这架航天飞机。一开始，一切似乎很正常。"哥伦比亚号"在飞往佛罗里达州的着陆点途中

针对"哥伦比亚号"的调查

　　事故发生后，美国国家航空航天局成立了一个特别委员会调查事故原因。该委员会名为"哥伦比亚号事故调查委员会"（CAIB），成员包括来自军方和美国国家航空航天局的各类专家，还有许多科研人员。他们仔细研究了已有数据，找出了事故的原因，并掌握了如何防止类似事故再次发生的重要信息。该调查报告发表于2003年8月26日，那已经是事故发生6个月之后了。

　　报告中的一些主要内容是关于机组人员的死亡时间。很明显第一个可能的死亡时间是减压之时，因为轨道飞行器正在解体，宇航员暴露在机外稀薄的大气中。此时，一些宇航员还没有戴上合适的装备，比如头盔，这意味着他们很快就会死去。报告指出："虽然循环系统继续运转了很短的时间，但由于减压的影响，机组人

员在下降到低空时仍无法恢复意识。"

　　报告还发现，机组人员没有戴上适当的固定装置，这意味着当轨道飞行器开始失去控制时，机组人员会被抛出去。报告说，降落伞需要手动启动，这一点应该改善。

　　这些调查发现改变了航天飞行的安全性，为未来的航天飞机飞行引入了各种新的安全措施——包括清除撞击STS-107机翼的泡沫斜坡。总之，"哥伦比亚号事故调查委员会"向美国国家航空航天局提出了29项建议。报告的结尾是："调查小组希望这份报告的读者应该尊重并以正直的态度对待这份报告，这是'哥伦比亚号'和机上机组人员应得的。"

里克·赫斯本德
指挥官

卡尔帕纳·乔拉
任务专家

威廉·麦库尔
飞行员

大卫·布朗
任务专家

劳雷尔·克拉克
任务专家

迈克尔·安德森
有效载荷指挥官

伊兰·拉蒙
有效载荷专家

"哥伦比亚号"的机组人员可能获救吗？

我们知道，"哥伦比亚号"航天飞机本身，由于机翼上被戳穿了一个洞，不可能在重返大气层时幸免于难。即使宇航员穿有可以在太空行走的宇航服——事实上没有——他们也不可能逃脱厄运。

还有一个救援方案——如果发射另一架航天飞机去救援，"哥伦比亚号"机组人员可能就会得救。

"亚特兰蒂斯号"原计划于2003年3月1日从卡纳维拉尔角发射，仅比"哥伦比亚号"晚六周。在环绕地球飞行的航天飞机上，宇航员有足够的补给维持30天的生命，但超过30天他们就会窒息。

虽然距"亚特兰蒂斯号"的发射还有六周，但整个计划有可能提前，即在四周之内完成发射。如果技术人员昼夜不停地工作，这将提高整个发射流程的效率，比如软件检查等。这样的任务是前所未有的，但并非不可能。

由于"哥伦比亚号"的运行能力极度下降，"亚特兰蒂斯号"可能在30天的窗口期内发射。这样一来，它就必须以正确的角度接近"哥伦比亚号"，这样才能使航天飞机在尾部不碰撞的情况下保持近距离。

接下来将会发生的事情就像科幻电影里的故事情节。没有宇航服，也没有对接两架航天飞机的方法，宇航员将不得不在两架航天飞机之间穿梭。"亚特兰蒂斯号"的机组人员已压缩到4人，这样就可以容纳7名来自"哥伦比亚号"的机组人员，满载11人返航。"亚特兰蒂斯号"上的两名宇航员将携带额外的两套宇航服，进行一次前往"哥伦比亚号"的太空行走。每次返程，他们都会带上"哥伦比亚号"的机组人员。但是从准备到穿上宇航服进入太空真空需要几个小时；在"亚特兰蒂斯号"试图返回地球之前，整个过程就需要48小时。与此同时，无人驾驶的"哥伦比亚号"可能在地球大气层中自动燃烧。

当然，这一设想从没有被付诸实践。如果有人曾经认真考虑过这个问题，他们就会面对一个新的两难境地：如果美国国家航空航天局知道泡沫的问题还没有解决，而且他们可能会失去11人，而不是7人，他们还会再派4名宇航员去太空吗？

会飞越美国上空，且会使用自动驾驶模式。没有媒体报道这次着陆，正在观看这架航天飞机的航空爱好者以为这是一次例行飞行，但很快他们开始注意到一些不对劲的地方。在超过21万英尺的高度上，正在观察航天飞机的人们说看到航天飞机上有大块东西脱落。不过在太空航行地面指挥中心内部来看，此时问题还不明显。在航天飞机返回大气层时，也就是让航天飞机脱离太空飞行轨道的时候，问题的第一个表征就是左主起落架的压力急剧下降。一个失效的轮胎本身就会引发着陆障碍，由此引发严重的风险——可能会引起航天飞机坠机和翻覆。很快，飞机左侧的温度读数开始失控。太空航行地面指挥中心继续对情况进行评估，设法查明各种异常读数之间是否相关。"哥伦比亚号"最后一次通话来自指挥官里克·赫斯本德（Rick Husband），他说："收到！啊！"然后通信信号就被切断了。

虽然通信中断在返回大气层这个阶段来说是正常的，但这次中断的时间比预期的要长得多——超过一分钟。令人难以置信的是，当飞机残骸碎片开始在从东得克萨斯州到路易斯安

"哥伦比亚号"失事是美国国家航空航天局在太空执行飞行任务中最后一次有人员伤亡的事件。

那州480千米长的区域内如雨般从天而降的时候，太空航行地面指挥中心里的人还不清楚发生了什么。总共有2000多块碎片被找到。一些残骸碎片砸向屋顶和农场，所幸无人受伤。令人震惊的是，一些人报告说他们发现了人的遗骸，包括心脏、头骨、手臂和脚。"有一只手，一只脚，

▲ 事故之后，这架航天飞机只有40%可以被修复

一条只有膝盖以下部分的腿。"诺伍德郡议员法龙·豪厄尔（Faron Howell）在2003年接受《每日电讯报》采访时表示。"我的一个手下发现了一颗人类的心脏。找到的最大的一块人类身体组织是躯干，但是上半部分被撕成两半。我们认为这些躯体属于同一个宇航员……它被严重损坏

了。你甚至分不清那是男人还是女人。"

当时，太空航行地面指挥中心继续与"哥伦比亚号"机组人员联系，但没有成功。"哥伦比亚，这里是休斯敦超高频通信检查。"通信员查尔斯·霍博（Charles Hobaugh）一遍又一遍地重复着，但最糟糕的事情已经发生了。"哥伦

▲ "哥伦比亚号"的碎片在几年后仍然陆续出现，比如2011年找到的燃料箱

▲ 消防队员并肩走在北得克萨斯州的科西卡纳以外的区域寻找残骸

比亚号"爆炸了。机组人员很可能是在减压的瞬间就死了。飞行任务指挥员勒罗伊·凯恩（Leroy Cain）下达了令所有人都感到害怕的命令——"锁上门"。如前所述，这句话的意思是，太空航行地面指挥中心的每个人都必须收集所有的数据。在这一过程中，他们不允许与外部联系。中心请来心理顾问来安抚人们的情绪。同时，相关调查已经展开。

与"挑战者号"的机组人员在爆炸后可能幸存了两分多钟不同，"哥伦比亚号"的机组人员不太可能遭受太长时间的痛苦。调查结论是，宇航员可能在41秒内就意识到了问题，当航天飞机开始解体时，他们几乎立刻失去了知觉。

"哥伦比亚号"事故的一个结论是，断裂并撞击了航天飞机机翼的泡沫坡道，对发射来说并不是绝对必要的，所以为了防止以后发生类似的泡沫撞击事故，今后的航天飞机上不再使用这种装备。幸运的是，此后没有发生过更严重的事故。

此事之后，当局还决定在没有有效的救援计划时，不再发射任何航天飞机。因此，除了上一次在2011年执行的航天飞机任务外（当时在紧急情况下预备使用的是"俄罗斯联盟号"宇宙飞船STS-135），在"哥伦比亚号"出事后的每一次发射中，都会有一架备用航天飞机（STS-3XX）随时待命，等待执行救援任务。幸运的是在那之后没有出现任何需要执行应急任务的情况。

"哥伦比亚号"失事仍然是美国国家航空航天局在太空执行飞行任务中最后一次有人员伤亡的事件。此后，世界各地甚至是在地球之外，包括"勇气号"火星探测漫游车在火星上的着陆点，都涌现出无数的纪念馆。

在"哥伦比亚号"失事之后，美国又执行了22次航天任务——"亚特兰蒂斯号"、"奋进号"

和"发现号"。之后，美国国家航空航天局把航天飞机的任务重心从低地球轨道转移到其他任务上，比如返回月球和火星。"哥伦比亚号"终结了一个雄心勃勃的计划。尽管如此，每一位航天飞机的机组成员都在执行他们认为会让人类的生活变得更美好的任务，并将我们推向越来越远的星球。

有关"哥伦比亚号"的第一起意外死亡事故

在一次飞行中失去7名机组人员是灾难性的。但你可能会惊讶地发现，这并不是与"哥伦比亚号"航天飞机有关的唯一悲剧。1981年，5名技术人员为组装"哥伦比亚号"航天飞机而进行地面测试。他们正在执行一项常规操作——用氮气来净化航天飞机的氧气引擎，这样就不会有火星意外引发起火。航天飞机在充满氮气的环境中运行良好，因此开始进行测试。

然而，如果人直接吸入氮，后果可能是致命的。在1981年3月19日，5名技术人员错误地认为他们可以在测试后进入航天飞机。由于不知道"哥伦比亚号"上仍然充满了氮气，进去之后他们立即失去了知觉。另一名工作人员看到发生的情况，戴好氧气面罩冲过去，赶紧把他们从机身里拖了出来。5人中只有3人被救活了。令情况更加复杂的是，一辆被派去救援的救护车被并不知情的保安扣留并搜查了7分钟。最终，一名技术人员当场死亡，另一名在去医院的路上死亡。

"泰坦尼克号"的沉没

"泰坦尼克号"开启了豪华邮轮旅行的先河，它的遇难震撼了世界。

概况

- 死亡人数: 1500＋人
- 北大西洋
- 1912年4月14日

冰山刺穿了"泰坦尼克号"的船侧，随之而来的混乱更反映出船上缺乏应急准备。当时船上的救生艇数量不足，然而大多数救生艇都没有满员就下水了。最终只有705人获救。

1911年5月31日12点15分，有史以来最大的一艘船首次下水，当这艘52000吨位的巨轮在北爱尔兰的拉根河上入水时，造成了不小的尾流。超过20吨的肥皂和烛蜡被涂抹在下水台用来润滑，帮助这艘巨轮划入它的归宿。像一只海豹下水前要费力地蠕动一样，这只巨兽瞬间从一个惰性的金属庞然大物变得非常优雅，充满力量。

这次下水可能没有用香槟酒砸在船头的仪式，但这确实是一个应该有这种仪式感的罕见场合。白星航运公司（White Star Line）——英国一家非常有前途的航运公司，也是这次海上航行的幕后东家，它的主席布鲁斯·伊斯梅（Bruce Ismay）和其他一些重量级的商人共同出席了下水仪式。对于公司来说，这是一个激动人心的时刻。"泰坦尼克号"的名字来自古希腊神话，意思是巨大的。实际上，"泰坦尼克号"是该公司三艘奥林匹克级新船中的一艘，这三艘新船的设计要让人们重新认识到海上旅行的盛大和奢华。另外两艘船——"奥林匹克号"和"大不列颠号"将与"泰坦尼克号"一起创造一个新时代。在"泰坦尼克号"下水的同一天，"奥林匹克号"也成功地完成了海上试航。海上旅行的新时代真正拉开了帷幕。"泰坦尼克号"是当时海上豪华旅行的旗舰船，人人都争先恐后地想得到一张船票，每个人都在谈论"泰坦尼克号"。然而，这艘船却在大西洋冰冷浑浊的海水中沉没了，船上有1500多人丧生。

"泰坦尼克号"和其姐妹号都是由白星航运

公司建造的，目的是与以建造最快的船闻名的美国冠达邮轮（Cunard）公司竞争。在20世纪早期，飞机旅行还没进入黄金时代，只有超级富豪才能享受飞机出行，因此海上旅行就是国际或者洲际之间旅行的主要方式。白星航运公司决定不仅要在速度上竞争，还要在豪华和奢侈程度上竞争。该公司在贝尔法斯特工业码头的皇后岛上建造新船，不惜成本，据估计，"泰坦尼克号"的成本是750万美元，这绝对是一笔巨资。

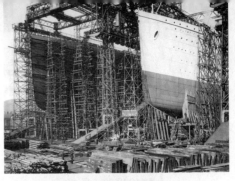

　　"泰坦尼克号"是与"奥林匹克号"同时建造的，两艘船都需要大约26个月的时间才能建造完成。公平地说，造船公司是非常慷慨的，船上的这些安全预防措施也是花了大价钱安置的。在当时，这艘船非常符合安全标准。但事情糟就糟在，以前从未有人尝试过建造这种规模的船，所以它造成的未知伤害可能更大。"泰坦尼克号"的建造从1909年春天开始，这项艰巨的任务由哈兰德和沃尔夫（Harland and Wolf）公司完成。

▲ 人们认为就是这座冰山致使"泰坦尼克号"沉没的

　　这艘船在施工期间就出了事故，记录在案的受伤者差不多有250人，其中28人伤势严重，

---

5. 警报被忽视
4月14日晚上7点30分左右，一艘离"泰坦尼克号"不远的"加利福尼亚号"发出了冰情警告。史密斯船长正在吃饭，他没有收到这个信息。那天晚上稍晚些时候，一位意大利籍无线电报务员收到了更多冰情警报，但他忙着收发乘客的信息，所以并没有采取行动。

1. 启航
1912年4月10日，"泰坦尼克号"开始了从英国南安普顿到美国纽约的处女航。

3. 爱尔兰
"泰坦尼克号"在爱尔兰的皇后镇停靠，接上最后一批乘客。

7. 纽约
4月18日，被"卡帕西亚号"轮船救起的乘客抵达纽约，迎接他们的是朋友、家人和一大群媒体。

6. 直面冰山
4月14日晚上11点40分左右，"泰坦尼克号"撞上了一座冰山。20分钟后，船长命令船员准备好救生艇。

4. 冰情警报
在穿越大西洋的途中，"泰坦尼克号"收到了许多来自其他船只的冰情警报。

2. 第一站
轮船在法国瑟堡短暂停留以搭载更多的乘客。

官方数据显示，在建造这艘船的过程中，有9人死亡。但他们并不是因这艘豪华游轮而死的最后一批人。

▲ 正在建造中的"泰坦尼克号"

他们的肢体被巨大的切割机器切断，还有的工人在建筑工地被散落的金属碎片切伤了。官方数据显示，在建造这艘船的过程中，死亡人数为9人。

1912年4月9日，南安普顿的码头一片繁忙。上流社会的先生们和女士们坐着汽车到达码头，仆人替他们拿着行李，行李里面装满了最好的衣服。无声电影的明星们闲庭信步，许多家庭要到世界另一端的美国去寻找新生活和新冒险，他们试图控制自己兴奋异常的孩子们，不让孩子们在甲板上跑来跑去。这艘船本来是非常豪华的，但这么大的船只拉载上层阶级人士在经济上是不可行的，所以船上提供不同等级的船票：一张头等舱的票价在50美元到1080美元（约为今天的3060美元到67000美元）；以现在的价格算，

二等票约为20美元到1230美元，三等票约为5美元到310美元。最大的三等舱一间可以容纳10名乘客，这里与华丽奢靡的头等舱天差地别。

第二天12点，旅客们登上了船，旅程开始了。船上共有2223人（其中有1324名乘客），其中有13对是正在度蜜月的新人。这趟旅行几乎从一开始就不顺利，从南安普顿码头驶离后，巨大的轮船螺旋桨的冲刷使一艘闲置的轮船"纽约号"脱离系泊处，向"泰坦尼克号"驶去。幸而爱德华·史密斯（Edward Smith）船长的迅速反应避免了首航的提前结束。

有一些人更愿意相信这起不幸事件是未来旅程的不祥之兆。这艘船的行程是在瑟堡和昆斯敦（今天的科克）停留，然后跨越大西洋前往纽约

船长

"泰坦尼克号"的船长爱德华·史密斯（1850—1912）是白星航运公司最有经验的船长之一。17岁时，他前往利物浦，开始了他在船上的学徒生涯。1880年，他以四副的身份加入了白星航运公司。他很快就升职了，7年后他得到了第一个指挥权。

史密斯于1904年成为白星舰队的船长。此后，指挥该舰队最新的船只进行处女航就成了他的日常工作。据说，他作为船长声名在外，一些乘客只乘坐他指挥的船只旅行。然而，这并不是说他以前没有发生过事故。1911年，在担任"奥林匹克号"船长期间，这艘船与一艘英国军舰相撞，导致史密斯的船摇摇晃晃地返回了港口。皇家海军指责这艘船，称由于其庞大的体积而产生了巨大的吸力，将他们的军舰吸了过去并导致相撞。由此也可见，要操作这些新型的、笨拙的庞然大物是多么困难。

到1912年，史密斯已经在海上服役40年，船长也做了27年。当"泰坦尼克号"与冰山相撞时，许多人认为史密斯惊慌失措。他没有向全体发出撤离命令，也没有向船员透露信息。例如，舵手乔治·罗（George Rowe）直到相撞一个多小时后才发现船在下沉，他从自己的观测站打电话到驾驶台，问为什么他刚刚看到一艘救生艇沉入水中。而且船长没有监督救生艇放下的过程。根据后来的证词，实际上是二副建议让妇女和儿童先上救生艇。史密斯船长意识到情况的严重性后，躲进他的舱里，似乎只是坐等不可避免的灾难发生。伟大的船长，正如传说里所说的那样，和他的船一起沉没了。

▲ 爱德华·史密斯船长是世界上最有经验的船长之一

市，预计需要7天时间。这艘船配备了足够的设施，可以进行更远的航行。船上有四间餐厅、一个游泳池（门票一先令）、两个理发店、两个图书馆、一个设备齐全的健身房和一个照相暗房。船上装有15000瓶啤酒、8000支雪茄、40000个鸡蛋、36000个苹果和57000件陶器。该船还载有20艘救生艇，数量超过了当时法律规定的数量，但这个数量还是无法安全疏散这艘当时世界上最大船只上的所有乘客，救生艇只可容纳约1178人——然而这并没有引起太多的思考和关注。这是为什么呢？因为"泰坦尼克号"是现代技术的一次胜利，当时人们普遍认为它是"永不沉没的船"。据报道，"泰坦尼克号"的一个船员对一名正在上船的乘客说："上帝都不能让这艘船沉没！"之所以这么自信，一部分原因是船设计有双层船底和16个可以关闭的水密舱，如果水进来了，这些设计被认为会提供最大的安全保障。报道援引史密斯船长的话，那是几年前他还没有掌舵"泰坦尼克号"的时候说的："我想象不出任何会使船沉没的情况。我无法想象这艘船会发生什么重大的灾难。现代造船技术已经让它远离海难。"可悲的是，这番话体现了那个时代盲目自信的态度。

两个无线电报务员正在忙碌着，高级操作员约翰·乔治·菲利普斯（John George Phillips）和他的副手哈罗德·悉尼·布里奇（Harold

Sydney Bridge）达成了一项协议，建立了一个全天24小时运行的广播系统。他们还有当时世界上最强大的无线电系统，两根天线之间的传输距离为640千米。无线电报务员的大部分工作是传递和发送船上人员的信息。而这种责任——或许是一种压力，即要让船上一些富有的特权阶层乘客满意——也许是导致这场灾难的原因。从4月11日开始，"泰坦尼克号"在航行中开始收到其他船上发出的冰情警告，到灾难发生之时，该船至少收到了五次警告。

也许以下这两件事都发生在4月14日是不同寻常的。第一件事是，无线电报务员们无意中听到了一个关于浮冰的警告，并将这个警告传到了指挥室，但当时史密斯船长正在吃饭，就没有注意到。第二件事是，"加利福尼亚号"距"泰坦尼克号"约32千米时，曾向"泰坦尼克号"报告说它被冰阻挡住了。当时值班的无线电报务员菲利普斯向对方回了个信号，让对方不要再打扰他，说他很忙。于是"加利福尼亚号"的无线电报务员关掉了收报机，上床睡觉了。不到一小时，"泰坦尼克号"与冰山相撞了。

如果消息能传到指挥室和船长那里，情况会有什么不同吗？事后再看整个过程，这一切似乎都是由报务员令人瞠目的玩忽职守导致的。然而，船长和其他高级船员都很清楚关于浮冰的警告，因为之前已经有几艘船向他们传达过相关警告了。即使最后一次警告被传达到了，结局也不太可能有什么不同。我们所知道的是下午11点40分，瞭望员弗里德里克·弗利特（Frederick Fleet）发现冰山就在前面，并通知了指挥室。

▲ "泰坦尼克号"上最豪华的房间之一，特等舱 B-59，以传统荷兰风格装饰

"泰坦尼克号"内部

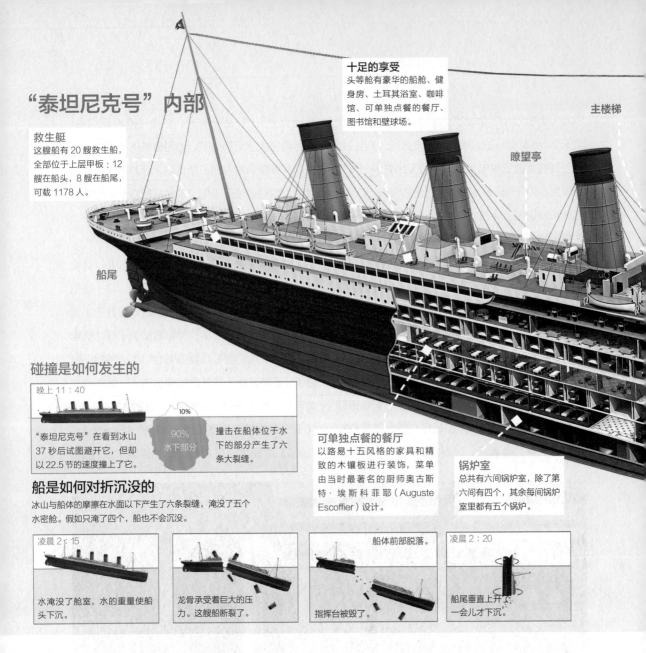

救生艇
这艘船有 20 艘救生船，全部位于上层甲板：12 艘在船头，8 艘在船尾，可载 1178 人。

十足的享受
头等舱有豪华的船舱、健身房、土耳其浴室、咖啡馆、可单独点餐的餐厅、图书馆和壁球场。

主楼梯

瞭望亭

船尾

碰撞是如何发生的

晚上 11：40

"泰坦尼克号"在看到冰山 37 秒后试图避开它，但却以 22.5 节的速度撞上了它。

90% 水下部分 10%

撞击在船体位于水下的部分产生了六条大裂缝。

可单独点餐的餐厅
以路易十五风格的家具和精致的木镶板进行装饰，菜单由当时最著名的厨师奥古斯特·埃斯科菲耶（Auguste Escoffier）设计。

锅炉室
总共有六间锅炉室，除了第六间有四个，其余每间锅炉室里都有五个锅炉。

船是如何对折沉没的

冰山与船体的摩擦在水面以下产生了六条裂缝，淹没了五个水密舱。假如只淹了四个，船也不会沉没。

凌晨 2：15
水淹没了舱室，水的重量使船头下沉。

龙骨承受着巨大的压力。这艘船断裂了。

船体前部脱落。
指挥台被毁了。

凌晨 2：20
船尾垂直上升一会儿才下沉。

大副威廉·默多克（William Murdoch）下令将引擎转到相反方向，让船绕过障碍物，但为时已晚。发现冰山后仅仅 30 秒，这艘巨轮的右舷就猛撞向冰山，船体在水线以下的部分裂开了一连串的洞。

实际的碰撞并没有那么猛烈，事实上，船上许多已经上床睡觉的乘客没有被惊醒，还在睡梦中。在对这艘船进行检查之后，史密斯船长意识到船遭到了严重的破坏，海水正在迅速被吸入，"泰坦尼克号"正在下沉。在事后英国的调查中，爱德华·威尔丁（Edward Wilding，哈

兰德和沃尔夫公司的首席造船师）根据观察，对碰撞 40 分钟后前舱的进水情况进行计算，证明船体进水区域"大约是 1.1 平方米"。用现代超声波技术对残骸进行的调查发现，在船体 1.1 平方米到 1.2 平方米的区域内，有 6 个狭窄的开口。不管怎么说，船正在下沉。

在撞上冰山的 20 分钟后，救生艇被放入水中，无线电报务员开始发出求救信号。此时的标准遇险信号是"CQD"，"CQ"是停止给其他船舶发送信息和警示的信号，加上"D"表示遇险。1906 年，使用莫尔斯电码中的简单字符创

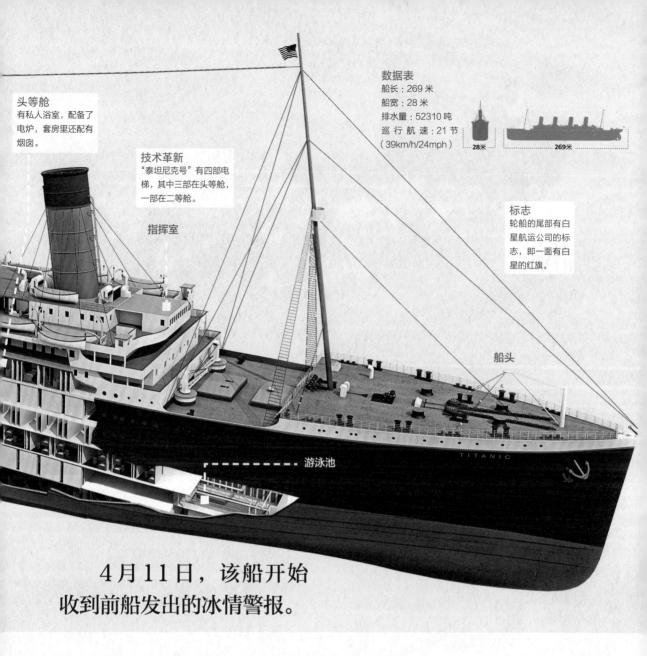

头等舱
有私人浴室，配备了
电炉，套房里还配有
烟囱。

技术革新
"泰坦尼克号"有四部电
梯，其中三部在头等舱，
一部在二等舱。

指挥室

数据表
船长：269 米
船宽：28 米
排水量：52310 吨
巡 行 航 速：21 节
（39km/h/24mph）

28米   269米

标志
轮船的尾部有白
星航运公司的标
志，即一面有白
星的红旗。

船头

游泳池

TITANIC

4月11日，该船开始收到前船发出的冰情警报。

建了"SOS"求救信号：三个点，三个破折号，然后是三个点。"泰坦尼克号"上的无线电报务员同时使用了"CQD"和"SOS"。早先警告"泰坦尼克号"注意浮冰的那艘"加利福尼亚号"离这艘在劫难逃的船最近，但到底有多近，后来成为争议颇多的话题。

无线电报务员对"加利福尼亚号"喊道："马上来！我们撞上了冰山，这是一个求救信号，老伙计！"然而，他们发送的这条或其他任何一条消息都没有得到回应。后来，一条更令人绝望的消息是："我们正在把乘客放进救生艇。妇女

和儿童在船上。不会持续太久。失去动力。"由于没有收到"加利福尼亚号"电台的任何回应，"泰坦尼克号"开始向空中发射遇难火箭，然而那艘船仍没有回应。在后来的一次调查中，见习警官詹姆斯·吉布森（James Gibson）承认其他的船看到了光，在试图通过莫尔斯电码而不是无线电与"泰坦尼克号"取得联系，但没有得到答复后，他们决定不采取任何行动。

在这艘即将沉没的船上，船员们试图控制局面，但大多数人对此毫无准备。就在那天早上，史密斯船长计划了一次救生艇演习，但不知什么

▲ 这张照片显示最后一艘救生艇成功地从正在下沉的船上被放下入水

▲ 在加拿大哈利法克斯码头，灵车排成长龙，将"泰坦尼克号"的遇难者运送至殡仪馆

就在那天早上，史密斯船长曾计划了一次救生艇演习，但不知什么原因，演习被取消了。

原因，演习被取消了。船上似乎没有人知道每个救生艇上能安全容纳多少人，也不知道正确撤离的程序。如果演习顺利进行的话，船上可能会有许多人获救。大家看到船长呼吁让妇女和儿童先上救生艇，许多男人站在慢慢下沉的船上，只能眼睁睁地看着救生艇只上了一半的人就被放进水里去了。第一艘下水的救生艇（7号救生艇）荷载65人，但实际上只载了24人。记录在案乘坐人数最少的救生艇只载了12人，然而它的载客量是40人。

也许妇女和儿童是优先考虑的获救人员，但如果当时还有什么原因能让人优先离开这艘船的话，一个非常重要的因素就是社会阶层。三等舱在船底部的最深处，这里的人必须通过一个小迷宫似的通道才能到达甲板上。船上没有公共广播系统，而头等舱的乘务员只负责几个客舱。二等舱和三等舱的乘务员有太多的人需要照看。在三等舱，乘客最多能被告知他们需要上到甲板上。"泰坦尼克号"的幸存者玛格丽特·墨菲当时是三等舱的乘客。她后来写道："'泰坦尼克号'上的乘客还没来得及逃生，水手们就把三等舱通向甲板的门和通道都关闭了……一群人试图爬到更

"泰坦尼克号"的遗产

这艘船被视为现代科技的化身，它的沉没对每个人来说都是一个打击。这场海难终结了白星航运公司主席布鲁斯·伊斯梅的事业。当船沉没时，他本人也在船上，但是他上了救生艇并幸存下来。很多人认为他应该和船长一样，与船共存亡。1913年董事会驳回了他继续担任该公司主席的请求。

美国和英国分别对此事进行了调查，以确定事故原因。不管是在美国还是在英国，调查委员会的成立都被视为对英国航运业的打击。两个委员会得出了相似的结论，并因此提高了造船的安全标准。其中包括一项法令，要求船只必须运载足够的救生艇，另外还有一些要求：客轮上的无线电通信必须24小时不间断，从船上发射红色火箭必须被解释为遇险信号等。

从美国纽约建造的18米高的灯塔，到英国南安普顿、利物浦和贝尔法斯特的纪念碑，世界各地有许多"泰坦尼克号"的博物馆和纪念碑。这艘船是在贝尔法斯特建造的，这里原来有一座纪念碑，里面有15块铜匾，按字母顺序列出了所有皇家邮轮"泰坦尼克号"的遇难者的名字。2002年围绕着"泰坦尼克号"纪念碑又建起一座纪念雕像和一个花园。

这艘船为世界留下了一份文化遗产，有许多关于

这场悲剧的电影和书籍问世。在这艘船的一百周年纪念日时，举办了一系列活动，比如一艘游轮重游故地并在沉船地点参加了举行的纪念仪式。这引发了一些人的指责，但毫无疑问，"泰坦尼克号"仍然激发着公众的想象力。

▲ 贝尔法斯特的一座以"泰坦尼克号"为主题的博物馆。这座博物馆是为了纪念这艘标志性的游轮而建。

▲ 在纽约，在给最新获救的船员分发干衣服

高的甲板上，他们正在和水手们搏斗。所有人都在打架，相互推搡，咒骂。妇女和一些儿童在那里祈祷和哭泣。然后水手们把通向三等舱的舱口关紧，他们说他们想保持那里的空气，这样船就可以挺过更长时间，但这意味着那些还在三等舱里面的人就没有希望了。"

一开始船员们很难说服乘客让他们相信在小船上要比在大船上更安全。第一艘救生艇在凌晨零点45分下水。这之后不久，许多救生艇也被放进冰冷的海水中，而"泰坦尼克号"上的船员们却在进行着一项最终注定失败的任务，那就是将迅速渗入的海水排出船外。大家很快就明白，船就要沉了，乘客中有一些夫妇分开了，女人们

乘坐救生艇，男人们留在船上，但其他人拒绝分开。梅西百货公司的共同所有人伊西·斯特劳斯（Isidor Straus）和他的妻子就是其中之一，据说他的妻子艾达对他说："我们已经在一起这么多年了，你去哪里，我就去哪里！"两人在甲板的椅子上坐下，等待命运的安排。"泰坦尼克号"乐队的许多成员继续演奏着他们的乐器。

凌晨两点刚过，船倾斜的角度变大，一个巨大的海浪沿着船的前部撞击船体，把许多乘客冲进海里——他们只是那天晚上第一批坠落海中的人。船很快断成了两截，船尾开始升到空中，更可怕的是，灯光很快就熄灭了，把船体和船上剩下的乘客都抛进了完全的黑暗之中。不久之后，船体

完全陷入水中，直落到海底，永远被黑暗吞没了。

　　那些有幸登上救生艇的人不得不漂浮数个小时，等待救援。他们听到了那些没有登上救生艇的不幸的人死前痛苦的挣扎。海水里满是这艘世界上最伟大船只的残骸，在残骸之中，那些可怜的人愤怒、绝望和恐惧地叫喊着，最后冻死在冰冷的海水中。据估计，由于气温只有零下2摄氏度，有些人因寒冷而当场死亡，另一些人由于发烧熬了一段时间后死去。大多数人都在20分钟后悄然漂走了。现在救生艇上的人们只能相对无言地等待。几个小时后，"卡帕西亚号"冒着相当大的风险，整晚全速前进，终于于凌晨4点抵达。幸存者尽其所能想要进入救援船；有些人有足够的力气爬上吊着的绳梯，另一些人则用装邮件的袋子把孩子们用吊索吊上去。

　　对少数幸运的人来说，磨难已经结束。"卡帕西亚号"于4月18日晚抵达纽约，近4万人在那里迎接它，其中包括乘客家属和一些来自全世界的媒体。在船靠岸的几天之后，人们才知道这场灾难的严重程度。人们不得不组织多次航行试图收集遇难者尸体，并进行调查以确定海难的原因。这艘曾被认为"永不沉没的船"是现代科技的伟大奇迹，是人类进步和技术的象征，但它却已经消失在深渊中，并最终夺去了1500多条生命。世界不再一如当初了。

"科斯塔·康科迪亚号"游轮倾覆

2012 年，意大利

　　当"科斯塔·康科迪亚号"在托斯卡纳海岸的海底触礁时，船长等了一个小时才下令撤离。载有4252名乘客和船员的游轮在水已经开始淹没机舱时才开始安排人员撤离。32人在事故中丧生，因导致船难和抛弃了乘客，船长后来被判过失杀人罪。

概况

■ 死亡人数: 100 人
■ 罗得岛, 美国
■ 2003 年 2 月 20 日

在夜总会的音乐会上, 一场烟火秀失控, 几秒钟之后, 火点燃了场地内的隔音材料, 导致火势迅速蔓延。

车站夜总会火灾

迈克尔·里卡尔迪和詹姆斯·加汉都喜欢华丽金属音乐。但当他们去看最喜欢的乐队时，两人中只有一个回来了。

兴奋的人群在空中挥舞着手臂和拳头，发出刺耳的尖叫和"耶耶"的呐喊声。他们的眼睛被杰克·罗素（Jack Russel）牢牢地吸引住了。杰克·罗素是"大白"（Great White）乐队的主唱。位于罗得岛西沃里克镇考塞特大道211号的车站夜总会，于2003年2月20日晚上11点7分刚刚打出关于大白乐队的条幅。迈克尔·里卡尔迪（Michael Ricardi）和他的朋友詹姆斯·加汉（James Gahan）是一群期待着看这支20世纪80年代重金属乐队登台演出的乐迷中的一员。夜总会的空间可能有点局促，但他们仍要好好享受一下。

为了欢迎这支乐队，就在乐队开始演

▲ 迈克尔·里卡尔迪是逃出这场致命大火的幸运儿之一

▲ 这段视频记录了可怕的火灾过程

奏开场曲《沙漠之月》时，巡演经理丹·比埃斯勒点燃了烟火，创造了一个能朝三个方向散发的巨大的火花喷泉。但就在罗素开始唱歌的时候，人群发现有些地方不对劲。舞台后面鼓手所在的凹壁的墙上覆盖着聚氨酯隔音材料，但此时上面的聚氨酯泡沫已经燃烧起来。

然而，一开始没有人在意。一些人问这是不是表演的一部分，另一些人也附和这一观点。但是，当忧心忡忡的粉丝们快速指向着火方向时，摇晃的手臂波浪变成了所有的手指狂指向一处。火势越来越明显。"火焰已经爬上了用泡沫填充的墙壁，并开始蔓延到天花板上。"里卡尔迪回忆。一些歌迷正慢慢地移向门口。

当燃烧过程中释放出一氧化碳和氰化氢气体时，人们曾一度期望洒水装置或场馆工作人员能够扑灭大火。但是没有洒水装置，火势开始变得更加猛烈。"就好像所有的事情都是同时发生的——粉丝们拼命地想引起杰克·罗素的注意，"里卡尔迪说，"他完全不知道身后几英尺处发生了什么。但随后，他也意识到了。乐队突然停止了演奏。就在那一刻，你就知道出大事了。"

里卡尔迪和加汉是两年前在马萨诸塞州达德利的尼科尔斯学院相识的。里卡尔迪当时穿着一件T恤，这件T恤是美国摇滚乐队"毒药"（Poison）为"给人民的力量"（Power to the

一旦有毒的烟雾充满了房间，你几乎什么都看不见。

People）巡演发行的，它引起了加汉的注意，这使他们成了非常好的朋友。他们俩后来主持了大学里的电台音乐节目，一起看了很多乐队的表演。罗得岛的那个夜晚是他们的典型娱乐之夜，但他们并没有为接下来发生的事情做好准备。

有人大声叫道："走，走，走！"人群中的手开始朝与会场的前门相反的方向挥动。此时，歌迷们还相对平静，因为他们走向了出口。里卡尔迪和加汉确信一切都会好起来的，他们没有觉察到任何迫在眉睫的危险。

"我不能代表其他人，"里卡尔迪解释道，"但我只能告诉你，我和加汉都认为这没什么大不了的。在我们的心中，我们是这个俱乐部的顾客，他们会保护我们的。我们从来没有想过，去听一场摇滚音乐会会让我们以命相搏。我只记得，我看到每个人都以一种相对平静的方式朝场地后面移动。"

然而，在大白乐队出现30秒后，情况明显恶化。"哦，我的天啊——失火了！"这时，舞台变成了一片明黄色的火海，警报声响彻四周。人

178

群的步伐加快了，人们都在寻找出路。一些离舞台最近的人试图从附近的西出口出去，这扇门是供乐队和他们的工作人员使用的。但是目击者说，保安把那些人推回到离前门6米开外的区域，而那里已经变得非常拥挤了。

随着浓浓的黑烟在会场里弥漫，时间好像慢了下来。但事实证明，要想脱身并非易事。车站夜总会是一座占地4484平方英尺的木制结构建筑，是在第二次世界大战刚刚结束时建成的。前边的酒吧和餐厅分为若干区域——主酒吧、飞镖室、厨房、洗手间和一个狭窄的前门入口区域，通过这里再走几步就到了主酒吧区域，但想要离开酒吧必须经过一扇门，而这扇门是双层门。从这扇门到酒吧内部有一个坡道，沿着坡道有一排栅栏立在一侧。大多数人逃离会选择这条路线，因此这时变得非常拥挤。

里卡尔迪开始往前走，他认为加汉就在他后面。"有人告诉我，我在那栋楼里没待上两分钟，"里卡尔迪说，"老实说，我在大楼里的时候

完全没有时间概念。"一些人不由自主地倒在地板上喘气，以躲避俱乐部低矮的天花板上难以置信的灼热。火焰开始落到地上。有些人身上着火了。

情况越来越糟，灯光在高温下熄灭了。在一片漆黑中，浓烟从大楼的各个角落滚滚而来，空气中充斥着可怕的尖叫声和哭喊声。"一旦有毒的烟雾弥漫了整个大楼，你几乎什么都看不见。我脑子里唯一的想法就是尽快出去。"里卡尔迪说。

恐慌袭来，天花板上燃烧的碎片也开始掉落，有人开始昏倒。"我还记得当时我的后背很热，有东西在灼烧我的后背，很疼。后来诊断为二级烧伤。"里卡尔迪回忆道。歌迷们在匆忙逃离时遭到踩踏。人们开始寻找任何可能的出口，许多人翻出窗户，但其他人被困在里面，动弹不得。在俱乐部的前边，在通往出口的狭窄走廊上，人们在绝望中争抢着顺着通道逃离。有人摔倒了，后边的人压上去，人压着人。有人大声请

从那天晚上我们学到了什么？

火灾发生后，有关部门进行了多次调查，以查明那个恐怖之夜的全部真相。除了过失杀人的指控外，火灾还引发了许多民事纠纷，以及非正常死亡和人身伤害案件。律师约翰·巴里克是受害者的代理律师，他从收集到的各种证词中，勾勒出当晚的真实情况。他写了一本名为《杀手秀》的书，他告诉我们，我们仍需吸取教训。

"在车站夜总会火灾之后，看看那些发生在俄罗斯、泰国和巴西的类似事件，这些都发生在人满为患和烟火使用不当的情况下。我们并没有及时从中吸取教训。"事实上，在2009年，有150人死于俄罗斯珀尔姆的"瘸腿马"俱乐部火灾；66人死于泰国曼谷的"桑蒂卡"俱乐部火灾；2013年，242人死于"亲吻"夜总会火灾。

"车站夜总会火灾不是由单一错误造成的。相反，

它是一些人为了利益而做出的多次错误选择所造成的。"巴里克继续说道，"事实令人沮丧。然而，令人鼓舞的结论是，只要一个人做出正确的决定，就可以打破整个因果关系链，从而避免悲剧。车站夜总会火灾的教训是，消防队长、俱乐部老板、娱乐人士和宣传人员都有能力挽救生命，他们所需要做的只是把安全放在利益之前。"

今天，巴里克经常做一些关于火灾的讲座。"我告诉消防检查员们，他们有一项至关重要且非同寻常的工作。如果他们把工作做得非常非常好，他们就会在不知不觉中阻止下一个车站夜总会火灾。但是如果他们没有做好自己的工作，就可能会在他们当班时发生下一场车站夜总会火灾，他们会终身铭记。这么说通常会引起他们的注意。"

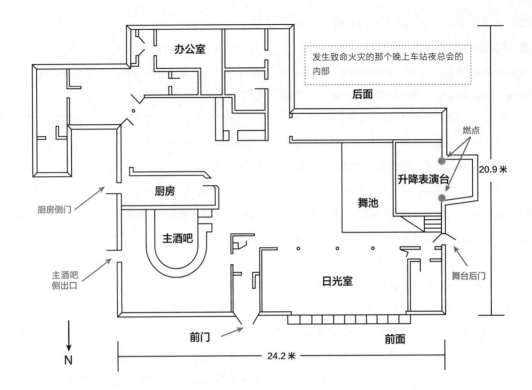

办公室

发生致命火灾的那个晚上车站夜总会的内部

后面

燃点

升降表演台

20.9 米

厨房

厨房侧门

舞池

主酒吧

主酒吧
侧出口

日光室

舞台后门

前门

前面

N

24.2 米

求帮助。尽管令人窒息的浓烟在头上咆哮，但那些逃出去的人又回到门口，把一些人拉到了安全的地方。6分钟后，那扇门周围的区域也被浓烟遮蔽了。据消防队长罗素·麦吉利瓦里称，当晚在前门附近发现许多遇难者。

在外面，人们被烟熏晕了，迷迷糊糊地走着，一边抽泣着，一边把在那个严寒的冬夜之前落下的雪紧紧地压在烧焦的皮肤上，试图减轻疼痛。随着数十名医护人员和急救人员的到来，一些人被担架抬走，其他人走到一个分流中心接受治疗。消防队员在扑灭大火，他们把受重伤的受害者从夜总会里救了出来。

里卡尔迪是幸运的人之一，但火灾改变了他的生活。他说："我唯一的想法就是找到加汉，然后跑得越远越好。"但他的朋友当晚就去世了，他是100名火灾遇难者之一。另有230人受伤，132人安然无恙。这是美国历史上第四严重的夜

总会火灾。"当我走出夜总会时，我很震惊。"里卡尔迪说："一切都感觉那么的超现实。即使逻辑上认为发生了非常糟糕的事情，我还是无法理解眼前的现实。"他在自己的书——《只是一个想法而已》中记录了那个夜晚。他用它来回忆火灾当中、火灾之后的经历以及火灾对他的影响。

这是一个里卡尔迪永远不会忘记的夜晚。"这个地方太拥挤了，没有人告诉你出口在哪里。"他说，"这个地方看起来好像并没有为这样的事故做好准备。"他提到这个场地的执照只允许容纳404人。他同时也希望有关部门已经吸取了教训。他强调了各类场馆遵守当地消防法律法规的重要性，还强调有必要训练工作人员，让他们熟悉既定的应急程序。他说："从我个人的角度来看，我总是要非常了解我所处的环境。""如果我在一个地方感到不安全，我什么都不会问，我会马上离开。然后我会让工作人员知道我为什

人群是如何崩溃的？

车站夜总会火灾的许多受害者都是在人群密度太大以致他们无法逃离的情况下死亡或受伤的。据了解，当五人以上挤在一平方米内时，行动自由就受到限制。如果超过八个人，情况就会变得非常危险。当人群为了躲避大火开始向正门移动时，走廊形成了一个瓶颈，而在后面的人自然继续向前移动。曼彻斯特城市大学人群科学教授基思·斯蒂尔表示："一两个人跌倒或有三个人试图穿过大门或挤在一起都可能导致事故发生。"造成死亡的不是恐慌、踩踏或挤压，而是压迫性窒息。"五个人挤在一个人的身上就足以造成致命的力量。"斯蒂尔解释道。但是，即使没人指引，为什么人们总是倾向于往同一个方向走呢？

"这是埃尔斯伯格悖论的一种形式——选择的悖论——和对风险的感知。"斯蒂尔说，"'我知道我是怎

么进来的，我知道那条路线，我不知道在标有紧急出口的门后面是什么。我不知道它通向哪里，也不知道它是开着的或是安全的。'人最初的选择是基于对风险的感知。其他人会效仿。"

么这么做。"

但是当火焰被扑灭时，那个恐怖之夜的故事并没有结束。2006年，比埃斯勒被判处15年监禁，其中11年缓期执行。他最终服了4年刑期的一半，随后离开了音乐行业。

夜总会老板杰弗里和迈克尔·德德里安兄弟也被控非自愿过失杀人。迈克尔和比埃斯勒被判处同样的刑罚（迈克尔在2009年6月被释放，而他的弟弟被判10年缓期执行、3年缓刑和500小时社区服务）。这对兄弟现在是非营利组织志愿教育基金会的联合董事，该基金会旨在帮助在火灾中至少失去父母中一位的近80名儿童。

▲ 在车站夜总会原址上临时建起的遇难者纪念碑

概况

- 死亡人数: 5200 人
- 博帕尔，印度
- 1984 年 12 月 2 日

联合碳化物工厂的致命气体泄漏是世界上最严重的工业灾难之一。这场悲剧让人们意识到企业的社会责任，30 多年过去了，博帕尔的人们仍然在饱受其苦。

博帕尔市毒气泄漏事件

致命的气体从印度博帕尔的一家化工厂泄漏出来，成千上万的人因此而死去，更多的人将会永远受到困扰和伤害。

▲ 罐体 E610 是这场化学灾难的来源

在印度中部繁华的博帕尔市，有近100万居民。凌晨1点，他们中的许多人都还在睡梦中。有些人也许还醒着，在这个寒冷而晴朗的夜晚仰望星空。此时，从联合碳化物工厂飘出一阵烟雾，笼罩住夜空。那天晚上，风把这片白色的雾气吹过城市，穿过贫民窟里拥挤的房屋。这些摇摇欲坠的建筑并不能保护住在里面的人，而晚上寒冷的天气使这些有毒的雾气落了下来，并附着在了地面上。

这是一种从化工厂泄漏出来的致命的化学物质——异氰酸甲酯（MIC）。人们在这种致命气体的气味中惊醒，眼睛刺痛，剧烈地咳嗽。可以听到在外面的街道上人们尖叫着"快跑！快跑！"，街上到处都是逃命的人，人们互相踩踏。数以百计的人——那些虚弱的、患有疾病的和年幼的人无法逃跑——会被腐蚀性的烟雾熏死在床上。异氰酸甲酯气体对人类的影响令人难以置信。怀孕的妇女会自然流产,当人们的肺被烧灼并充血时,他们就会窒息。有些人并不知道随风而来的气体具有腐蚀性。阿齐扎·苏丹是当晚逃命的数千人之一,他回忆说:"一片厚厚的白色云层笼罩着一切,把路灯变成了稀疏的光点。……我看见许多人在奔跑,大声呼救,有些人开始呕吐,失去意识而倒下……"悲剧发生时,阿齐扎已经怀孕两个月了,令人震惊的是,她在大街上就流产了。

就在几个小时前,这家工厂的夜班工人发现漏气点。晚上11点30分,他们注意到有一股异氰酸甲酯气体的气味,然后他们看到了一个泄漏

致命的气体灾害

————————————————

异氰酸甲酯是一种有毒化合物。它发现于1888年,用于杀虫剂、橡胶和黏合剂的生产。当人体暴露于这种化学物质中时,身体受到的影响是灾难性的。对博帕尔受害者的尸检显示,异氰酸甲酯破坏了肺壁,导致人们从嘴里渗出白色泡沫。实际上,人们是被自己的体液呛死的。暴露于异氰酸甲酯中也会导致致命的肺水肿,大剂量的气体会杀死角膜细胞,导致永久性失明。

尸检后发现,受害者会发生肺部病变、脑水肿、肾小管坏死、肝脏脂肪变性、器官坏死。这种物质对妇女生殖健康的损害是毁灭性的。一篇关于这场灾难对健康影响的研究文章显示,在毒气泄漏时,居住在距化工厂一平方千米范围内的865名孕妇中,近一半没有产下活婴。

当太阳升起的时候,博帕尔的街道上到处都是尸体。

点,此时他们的眼睛被气体熏得直流眼泪。

工人们开始采取一些安全预防措施,比如用水喷雾来混合泄漏的化学物质。他们利用原来的茶歇时间讨论下一步该做什么。这家工厂的设备经常出问题。在处理设备时,常会因异氰酸甲酯的沉积造成堵塞问题。为了修复堵塞,工人们会用水冲洗。12月2日晚上9点半,工人们也是这么做的。他们冲了一会儿,水才从另一端出来。

然而这时压出的水流已经经过彼此相连的管道,进入了异氰酸甲酯专用的罐体——原本应该有一个叫作滑移线的安全装置来阻止水流动到不该去的地方。由于工厂管理层被迫削减成本,这条滑移线虽然是一个关键的设备部件,但一直没有安装到位。一名负责确保设备处于安全工作状态的维修主管在事故发生前被解雇了。

联合碳化物工厂是一家于1969年在博帕尔开设的生产化肥和杀虫剂的工厂。该工厂由全球联合碳化物印度有限公司的子公司全资运营,工厂使用异氰酸甲酯生产一种名为西维因的杀虫剂。使用异氰酸甲酯是一个非常具有成本效益的一步生产法。然而,有毒气体的存在意味着安全程序必须是无懈可击的,而印度这家工厂的安全程序并非如此。到1983年,由于印度农民购买的农药没有达到预期的数量,该公司出现了巨额亏损。

本应该有最后一道措施用以避免出现本次事故中水侵入引起的致命反应,即将惰性氮气注入容器,这样可以在异氰酸甲酯和工厂其他设备之间形成一个保护层。如果没有这层基础性的但至

▲ 医护人员正在给毒气受害者滴眼药水

关重要的安全保护，水与异氰酸甲酯混合后，会产生致命的毒性反应。

12月3日凌晨零点30分，控制室操作员苏曼·戴伊看到E610罐体计量器上的压力指针已经指向最高值。在查看罐体区域时，他确定这无疑是发生了非常糟糕的事情。随后他听到一声安全阀的响声，然后罐子就开始隆隆作响，并散发出大量的热量。"这是一个巨大的声响，像是什么东西煮沸的声音，乱哄哄的。声音从板子下面传过来，那里就像是一口大锅。"戴伊回忆，"整个板子都在震动。"

此时，工人们为阻止灾难所做的一切都是徒劳的。即使是用备用罐来减轻受影响的E610罐体之中的压力也无济于事。而且备用储罐也不是空的，所以工人们无法迅速地转移异氰酸甲酯来尽量减少气体泄漏的影响。警察和军队来帮助控制混乱的局面。

直至太阳升起，街道上到处都是尸体。有很多人当场死亡，也有幸存者，其中很多人用布把一直流泪的眼睛蒙住了，他们从地狱般的夜晚活了下来。毒气在被风吹散之前，在城市上空笼罩了一个小时。120米高的高塔已经不再向外喷出有毒的烟雾。

哈米达医院的工作人员因要面对大量需要帮助的人而不堪重负，直到几天后他们才知道化工厂喷出的是什么气体。在那之前他们根本不知道如何医治那些一直痛苦尖叫、咳嗽致死的人。医护人员只能依据受伤情况对症治疗。医院是离化工厂最近的地方，所以大多数人都逃向了医院。医院不得不让多人挤在一张单人床上。随着死亡人数以惊人的速度上升，院方不得不用卡车把尸体运到火葬场和停尸房。

慈善和灾难救助组织迅速建立了帐篷诊所，试图帮助不堪重负的地方和联邦政府。远在美

▲ 1984 年 12 月 5 日，博帕尔的遇难者

国，联合碳化物公司首席执行官沃伦·安德森在新闻发布会上告诉媒体："这听起来不像是无心之失，也可能是有人蓄意所为。"联合碳化物公司认为，一名心怀不满的工人蓄意破坏了设备，并故意把水压到水箱里；他完全清楚这样做的致命后果。

密切关注此事的美国工会想要寻求第三方意见。迈克尔·赖特是美国钢铁工人组织（现在被称为联合钢铁工人组织）的代表，他在这个强大的工会组织里负责健康和安全事务。作为两个国际劳工联合会——国际自由工会联合会和国际化学、能源和一般工人工会联合会——的代表，他前往印度进行部分实地调查。他的代表团无法从印度政府那里获得工作签证，所以他们不得不在秘密会议上与工人交谈，参会人员包括事故发生时在场的人。最终，赖特拿到了工厂的操作手册。灾难发生前至少 20 天内，线路上的一个故障——一个泄漏点——一直存在，但在任何日志中都没有这方面的记录。《国家地理》杂志

制作了一部关于这场灾难的纪录片，一名工人对他们讲述说：他看到工人们在 11 月 30 日，也就是灾难发生的前两天，在试图给 E610 罐体加压时，就发现了这一故障。"他们无法加压……这意味着通风管有泄漏。20 多天来，它没有承受压力。"代表团的官方报告说，工人们认为水是迂回穿过故障阀门和线路跳接器而进入水箱的。

美国工程安全专家肯尼思·布洛克写了一篇题为《向博帕尔学习：防止灾难性的生产过程泄漏》的报告。这篇报告调查研究了在这次泄露事故中工厂方面出现的问题，以及如何防止灾难再次发生。布洛克说，博帕尔永远地改变了工业部门处理高危和易爆化学品生产过程的安全管理方式。"本应阻止泄漏的系统，包括制冷装置和警报都失灵了，"布洛克说，"这些安全设备没能够控制住潜在的泄漏，或至少将其后果最小化。"事发当晚，包括排气洗涤器在内的许多安全设备出现故障，无法正常运行。

这个洗涤器一直在维修，仪表器坏了，所以

▲ 在灾难中幸存的老人们为正义而抗议

"蓄意破坏"防御系统

从一开始，联合碳化物公司就声称这场灾难是由一位心怀不满的工人蓄意破坏造成的。该公司的解释是，让如此多的水进入异氰酸甲酯储罐以导致致命化学反应，唯一的可能就是有人故意为之。

但是这并不能解释当晚其他的安全失误。联合碳化物公司自行调查了16个月，称发现有人篡改过日志，这表明有人想掩盖事实，而且有科学证据表明，泄漏不可能像印度政府或独立劳工代表团调查所说的那样发生。"所有的证据都表明，在现场有人蓄意破坏是对所发生事情唯一合理的解释。"联合碳化物公司时任首席执行官沃伦·安德森在灾难一周年之际在向员工发表的一份声明中如是说。工厂的印度前雇员们被这种说法激怒了。根据法律专家的说法，这是联合碳化物公司为避免支付赔偿金的一种策略。如果毒气泄漏是人为故意的，那么该公司相信自己不会被迫承担责任。然而，印度官员表示，即使是蓄意破坏，该公司也必须承担责任。其中一个主要证据是E610罐体上的压力表在灾难发生当晚不见了，留下了一个可以让水进入的缺口。联合碳化物公司的调查员说，一名员工告诉他们，他注意到压力表不见了，但认为这件事不够重要，不值得当时向政府调查员提起。他说他在毒气泄漏后的那个早上更换了压力表。

当联合碳化物公司在1989年与印度最高法院达成"1989和解案"时，只解决了民事案件部分，"和解案"中并没有对环境进行清理的条款，也没有为事故中受毒害的人提供医疗保健的相关处理。

不清楚它是否在工作。安装这个装置的目的是利用氢氧化钠的腐蚀性溶液来清洗这种致命气体并消除其毒性。用于燃烧气体的火炬塔也没有投入使用。曾有一根已磨损的管子被拿了出来，但没有更换新的。这个安全系统本可以防止致命气体的释放。同样，那些安置在紧急释放罐体周围用来喷洒并溶解异氰酸甲酯的软管也没有发挥作用，而且整个喷洒系统尺寸太小，喷洒范围没有达到气体飘升的高度。

其实有一些人，比如康卡姆·萨克塞纳早就担心灾难迟早会来临。萨克塞纳博士曾是博帕尔工厂的一名年轻的医生，一开始她喜欢在印度联合碳化物公司工作。然而，在经历了一系列的事故后，她对自己观察到的安全漏洞表示了担忧，但这些担忧没有引起足够的重视，于是她于1982年辞职。

毒气泄漏和她自己侥幸逃脱让她对此事特别关注。她曾在这家公司工作了好几年，在此期间，她曾多次警告管理层，"我因为硅尘和碳氢化合物超标和他们吵起来了。我越是直言不讳，越是被拒之门外。我没有得到加薪，很快就被禁止参加管理层会议。"萨克塞纳医生在2010年向印度的一家新闻网站回顾了这段经历。"他们暴露在大大超出人体所能承受剂量的化学物质中，这相当于一袋子足以致命的酸。"

但管理层不愿采取必要的全面安全措施来阻

> 他们暴露在大大超出人体所能承受剂量的化学物质中，这相当于一袋子足以致命的酸。

止类似毒气泄漏的事故。从1981年到1984年，该工厂至少发生了5起化学事故。1981年12月的一次泄漏，造成3名工人重伤，其中一人死亡。这名去世的工人阿什拉夫临死时，萨克塞纳医生也在场。阿什拉夫被浸泡在一种叫光气的化学物质里。"我们赶紧把他送去冲洗，但已经太晚了。"萨克塞纳医生说，"建立安全措施系统非常昂贵。对于一个不赚钱的工厂来说，这是个大麻烦！"

1984年12月3日凌晨1点萨克塞纳医生还没睡，正在准备医学考试。她的电话响个不停，另一端是歇斯底里的求救声。她所能做的就是告诉他们："逆风而行，在你脸上放块湿布来溶解气体。"

萨克塞纳医生一直待在她山顶的家里，直到早上。她没有去参加考试，而是去了当地医院的病房帮助灾难中的受害者。她的故事只是2004年英国广播公司播出的《博帕尔一夜》许多故事中的一个，这些故事重现了这场悲剧。

赖特说他永远不会忘记那天的遭遇。"在我的梦中，我仍能看到那些失去孩子的父母的面孔，我仍然能看到痛失父母的孩子们。"他在2009年国会《重提1976年有毒物质控制法案》小组委员会上回忆，"我还能听到幸存者们连续不断的咳嗽声，大部分人的肺部已经被腐蚀坏了。"

那些幸存下来的人从来没有想过他们会面临这样一场寻求帮助的斗争，也没有预料到暴露在毒气中会造成如此严重的后遗症。灾难发生后几个月内，博帕尔的尼拉姆·德维向美联社分享了她的故事。这位32岁妇女的丈夫于12月3日晚去世。灾难之后她有严重的后遗症，无法再从事女佣的工作，这意味着她没有钱养活她的三个孩子。另一名幸存者——40岁的阿什瓦克·穆罕

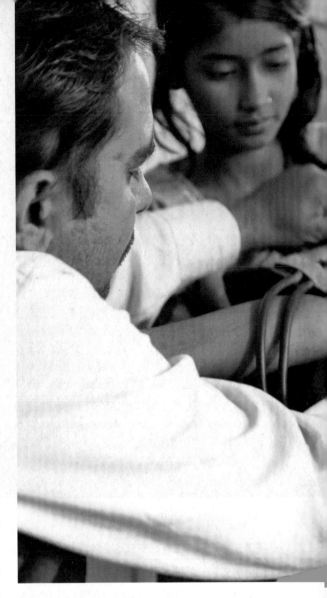

默德是附近的一名劳工，在1985年他说，因为毒气中毒他已经变得非常虚弱，现在没有人会雇用他。"我的身体已经废了……我看起来很强壮，但是我甚至都不能抱起我的孩子。"

科林·图古德来自英国常驻博帕尔的一家医疗慈善机构，他说博帕尔大约有12万人仍然遭受着异氰酸甲酯中毒后遗症的影响，他们一生都需要医疗保健。"由于这些化学物质会攻击人体的所有器官，因此对健康的影响非常严重。"图古德说，"这些人有肺部问题、肾脏问题、视力问题、关节问题、皮肤问题和令人担忧的癌症发病率。这样的问题还有很多。……女性受到的打

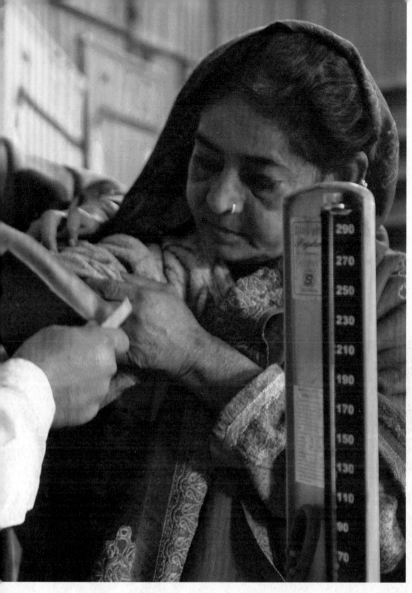

事 实

27 吨 致命的异氰酸甲酯气体泄漏

7000 头动物 死于毒气，包括主要家畜水牛、奶牛和山羊等

500 美金 是幸存者从联合碳化物公司得到的平均赔偿额。赔偿的总额为 4.7 亿美金

12 万人 还在经受毒气泄露导致的后遗症的折磨

击尤其严重，她们必须处理月经、生殖和内分泌问题，但在传统社会中这些甚至都不能被公开谈论。"

　　直到今天，这个工厂仍然是一个有毒的危险场所，在这个废弃的工厂周围堆放着很多袋子，袋子里面储存着数百吨的有毒废物。工厂里还有无数的实验室，实验室里面装满了瓶装的化学药品，上面全都是灰尘和蜘蛛网。这里的化学物质继续泄漏并污染地下水。"但这只是问题的一部分，因为有毒废物被埋在厂区周围没有被警戒线围起来的坑里，后来被抽到几百个巨大的太阳能蒸发池（SEPs）里。"图古德解释，"每到雨

季，雨水就会从工厂埋在地下的有毒废料中过滤出来，然后巨大的太阳能蒸发池里的管线就开始失效了。"

　　图古德说，这个问题早在1984年的毒气泄漏灾难之前就存在了。"1982年3月，博帕尔工厂给联合碳化物公司在丹伯里的总部发去一份电报，'康涅狄格方面透露，蒸发池几乎空了……泄漏调查正在进行中。不幸的是，应急池也出现了一些泄漏的迹象。太阳能蒸发池从来没有被修复。'"发表在《环境健康》(Environmental Health) 杂志上的一篇题为《博帕尔灾难及其后果：评论》的报告指出，在像博帕尔这样公共卫

189

生基础设施薄弱的城市应禁止设立像联合碳化物工厂这样的工业企业。报告总结："博帕尔事件及其后果是一个警告，工业化的道路充满了威胁人类、环境和经济的风险。"

博帕尔人民的愤怒在灾难发生后的三年多里从未平息。受影响最严重的人同时也是最贫穷和最脆弱的人——那些住在工厂周围贫民窟里的人。在那个可怕的夜晚，暴露在毒气下的父母们，生下了有先天缺陷和慢性健康问题的孩子。此外，暴露在毒气中而导致的后遗症现在已经出现在第三代人身上。

几十年来，无数次试图将联合碳化物公司绳之以法的司法努力都是徒劳的。尽管印度政府在1989年同意联合碳化物公司支付4.7亿美元的和解金（该公司最初面临30亿美元的诉讼），但这不足以补偿这场工业灾难带来的严重后果。这

头号敌人

博帕尔工厂发生灾难时，沃伦·安德森是联合碳化物公司全球首席执行官兼董事长，在全球管理着700家工厂。事故发生4天后，时年63岁的安德森前往博帕尔，一到那里就被捕了。但在缴纳了2000美元的保释金后，他再也没有回到印度接受审判。

印度政府认为安德森是逃避审判，并多次向美国政府提出引渡他的要求。博帕尔幸存者、政府和印度媒体从未停止要求安德森及其公司必须对这一灾难负责。在1986年的一次报纸采访中，当被问及他从博帕尔事件中学到了什么时，安德森说："为什么不说第三世界应该有法规，不允许人们成群聚集在你的工厂周围？我们建立博帕尔工厂，在它周围建了砖墙。然后人们开始搬到工厂附近。他们把砖墙作为他们小屋唯一坚固的墙。很快，很多人就住在工厂周围。不久之后，政府将他们的定居合法化，这样他们就可以给政府投票了。"在同一采访中，有人问他是否应该在博帕尔事件之后辞职（他最终在1986年辞职），他说："从我成长的经历来看，我认为辞职都是懦夫的作为。站在那里，面对公众，回答问题，这些才是困难的事。辞职？那太简单了。"

安德森于2014年去世，享年92岁。在他死后一个月，当他的死讯传到媒体上时，印度的报纸报道说，安德森"罪无可赦"。博帕尔的幸存者和社会活动人士在工厂原址外放置了一张安德森的大幅照片，并朝它吐口水。

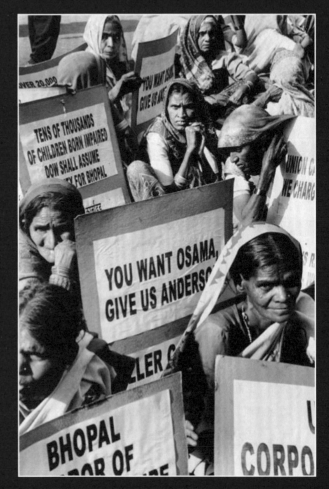

些根本无法给所有受害者提供紧急护理或让他们重新过上以前的生活。博帕尔人对这家公司的憎恨，尤其是对当时的首席执行官沃伦·安德森的憎恨，从未减弱。多年来，安德森的肖像在抗议中被焚烧。2014年安德森去世的时候，博帕尔的人们出离愤怒。在他们眼中，这个人本应在监狱里度过余生，为联合碳化物公司的错误付出代价，但他却逃脱了法律的制裁。

陶氏公司在2001年收购了联合碳化物公司，并拒绝为博帕尔事件承担任何额外责任，辩称债务已经在多年前通过法院和解支付了。陶氏化学公司曾多次收到通知，但一直拒绝出席任何听证会。

概况

■ 开销: 2000 万美元
■ 圣何塞,智利
■ 2010 年 8 月 5 日

智利圣何塞 33 名矿工在没有阳光、几乎没有食物和水的情况下被困在半英里深的地下避难所长达 69 天。

智利矿难

智利 33 名矿工在半英里深的地下为生存而战,营救者也在努力营救他们。

提到"灾难"这个词,人们就会联想到流血事件和死亡,毁灭和悲剧。然而,偶尔也有一些灾难在发生后会有令人欣慰的结果。当有 121 年历史的圣何塞铜矿坍塌时,33 名矿工被困在地下近半英里处的避难所里,当时一片混乱。争分夺秒地对矿工实施的救援非同寻常:记者们现场报道消息,钻井专家们奔赴智利,这一事件成为全球新闻。9 个多星期后,33 名矿工全部从地下被解救出来,作为英雄回到地面。

2010 年 8 月 5 日早晨,对矿工们来说,这就是平常的一天。阿塔卡马沙漠的铜矿位于智利科皮亚波以北约 45 千米,矿工们每天都要到矿井深处去提取铜和金。但到了那天下午 2 点,他们的生活被彻底改变了。

起初没有人怀疑会发生什么灾难性的事件,只不过又是一天的工作而已。直到人们发现一个名叫亚历克斯·维加·萨拉萨尔（Alex Vega Salazar）的矿工换班后没能签到，才开始注意到有什么地方不对劲。当其他32名男子也未能登记时，他们的家人开始担心。亚历克斯的父亲若泽是第一个自愿去找他们的人。他对这个矿井很熟悉，因为他在那里工作了很多年，所以他组织了一支搜查队，开车到这里来调查。当他们意识到道路被一块滚落的巨石堵住时，他似乎失去了所有希望。

"地板有裂缝，天花板有裂缝，墙壁也有裂缝。"若泽·维加后来说，"到处都在掉石头。这很可怕。"搜救队找到失踪矿工的唯一机会是他们能否在已塌方的地方找到下到隧道的路。作为最后的手段，他们试图通过连接矿井隧道的垂直通风井，顺着绳索下降。不幸的是，矿井太不稳固了，第二次坍塌压坏了通风井，也使他们失去了救援的机会。若泽和他的团队别无选择，只能在亚历克斯和其他32人生死不明的情况下离开矿井。

目前还不清楚是什么原因导致了矿井的突然坍塌，但该矿历史悠久，此前曾有地质不稳定的迹象，而且这个矿井常年有安全违规记录。这些违规导致了多项后果：多次被罚款、导致事故甚至造成8人死亡。由于该矿井不堪的历史，许多人很快就认为这些人已经死了。被困矿工的家人和朋友，以及世界各地关心并跟进救援进展的公众，同时敦促智利政府和资金短缺的矿主——圣埃斯特万矿业公司，即刻开始制订营救计划。没过多久，该地区的矿业部长劳伦斯·戈尔本（Laurence Golborne）也参与到营救工作当中，并开始寻找新的方法来与被困矿工取得联系。由于不可能进行人工救援，9台高速钻机被运抵现场，开始钻探。

在救援的第7天，救援队仍在钻探。每天都有越来越多被困矿工的朋友和家人聚集到现场，焦急且绝望地等待着消息。救援队不断挖洞，但每次都是空的。在探查了矿道第一层和第二层是否有生命迹象后，救援队不得不得出结论：如果这些被困的矿工还活着，他们会待在矿井底部的一个房间里避难，那里离出口有5千米远，在那里还有一条螺旋向下的地下服务坡道，坡道里面的食物只能满足33名矿工3天的给养。

在第一次救援尝试的14天后，钻探终于到达了底部，但救援队的运气太坏了，错过了目标，而那时他们距目标仅有100英尺。负责钻井平台的劳尔·达尼诺（Raul Dagnino）说："这显然让救援队队员们非常失望。……我们的工作通常只是找矿，我们从来没有钻井来找人。你能看到营地和救援现场的每个人都在哭泣，情况

▲ 为救出被困矿工，救援队员日以继夜地工作

越来越糟糕。日子一天天过去，机会就一点点减少。我们必须不停地钻，直到找到目标为止。"

17天后，大多数人放弃了希望。但在凌晨时分，其中一个钻井平台终于成功地打通了一条隧道，这条隧道距离救援小组的目标非常近。工程师们认为他们好像听到了微弱的"砰砰"声正顺着钻杆传上来。于是他们开始把钻杆拉回地面。当消息传出后，人们不再担忧，取而代之的是希望和乐观。因为在钻头的末端附着一张纸条，上面写着："我们33个人在避难所里过得很好。"在场的被困矿工的朋友和家人、工程师和

救援人员发出震耳欲聋的欢呼声。这张纸条正是他们所需要的，他们要继续营救。

人们用钻杆把一架闭路电视摄像机和电话机传递到避难所里，地面上的人们第一次看到了井下的被困矿工。

第一个与外界成功联系的被困矿工是路易斯·乌尔苏阿（54岁）。矿难发生时，路易斯是当班领班，结果证明他非常称职。他一直保持冷静，并鼓励队员们保持积极的心态、团结一致。在重新与外界联系上的前17天里，矿井里的气氛非常沉闷，没有人知道是否有救援或者他们是

人们用钻杆把一架闭路电视摄像机和电话机传递到避难所里，地面上的人们第一次看到了井下的被困矿工。

矿业问题

悠久的采矿传统使智利成为世界上最大的铜生产国之一。智利矿工也是南美洲矿工中收入最高的。根据美国国家地质与矿业局（National geological and Mining Service）的数据，自2000年以来，智利平均每年有34人死于矿难，2008年为43人。

虽然在科皮亚波铜矿事故后没有人被起诉，而且塌方被判定为不幸事故，但多年来圣何塞铜矿的确一直存在问题。圣埃斯特万矿业公司因为不安全的开矿行为在行业内臭名昭著。智利非营利性安全组织的一名官员甚至声称，过去12年里，在圣何塞铜矿发生的矿难事故已造成8人死亡，而圣埃斯特万矿业公司在2004年至2010年因违反安全规定已被罚款42次。

该矿于2007年被暂时关闭，原因是在一次反常事故中丧生的一名矿工的亲属起诉了圣埃斯特万矿业公司。然而，它在2008年又重新开业，尽管不符合法律规定，但它仍照常营业。在那之后，由于该地区的预算限制和公司资金紧张，拥有884名矿工的整个矿区就只有三名健康和安全检查员。

圣埃斯特万矿业公司恶名在外，它不仅存在工作环境不安全的情况，而且基本上对员工的投诉和质疑充耳不闻。许多人认为，如果圣何塞矿场的老板多注意一下他们的矿工，那么2010年的科皮亚波矿难可以完全避免。

否能够坚持更长的时间。每隔24小时只吃一点点金枪鱼，喝几口牛奶，大家很快就变得极度营养不良。救援结束后，一些人承认那时他们只是在等待死亡。其中一个人解释说，他们试图与地面进行沟通，他们点燃滤油器和轮胎，把它们放在通风井里作为烟雾信号，但失败了。矿工们经常因为鸡毛蒜皮的小事争吵，很快就出现了绝望的情绪。更糟糕的是，虽然没有人说出口，但是不安在加剧，大家都在担心，如果援助没到，他们迟早会陷入绝境。

在经历了这一切之后，从矿井到地面的第一个电话变成了这条长长的黑暗隧道尽头的光明。路易斯从矿井深处说出的第一句话是："是的，我能听见！"聚集在地面上的人们欢呼雀跃。"我们很好！我们在等待救援！"矿业部长劳伦斯·戈

尔本听后立即告诉路易斯："我们开始挖掘隧道和烟囱！"电话里传来了他们所能得到的最好的回应：33人开始鼓掌欢呼，并唱起了智利国歌。情况终于开始好转了。最终被找到的喜悦是势不可挡的。过了好一会儿，才有人从那种狂喜中恢复过来。

救援人员首先要给这些矿工送去足够的食物。为了确保食物不会对矿工们的健康状况造成致命的冲击，智利政府向美国国家航空航天局的专家寻求建议。当时担任该组织副首席医疗官的詹姆斯·D. 波尔克博士说："由于矿工们之前每天摄入的热量可能不到300卡路里，只能勉强糊口，所以他们实际上是在挨饿。我们担心的是一种被称为'再喂养综合征'的疾病，它会导致体内磷酸盐水平降低，进而导致心律失常或心力衰

竭。"为了解决这个问题，一种葡萄糖、维生素和矿物质的混合物通过空心管被输送至井下。

几个摄像头和食物一起被送到井下避难所，这样被困人员就可以拍下信息给他们的家人并讲述他们的情况。大多数信息都充满希望，令人振奋。他们拍摄了避难所内的情况以及它附近的隧道，并讲述了他们刚被困时是如何尝试煮汤的。路易斯·乌尔苏阿说他迫不及待地想和家人团聚。

然而，事情并不总是那么美好。这些矿工可能只是为了让家人相信他们是健康和幸福的，才在镜头前露面。维克多·塞戈维亚（48岁）是一名电工，他在事后给弟弟的信中透露了真相。信中说："我绝对不会向你隐瞒那里的情况。那里非常艰苦。这地狱简直要了我的命。我试着变得坚强，但这很难。有时当我睡觉时，我梦见我被放在架子上烤。当我醒来时，我发现自己是黑暗中的囚犯，这些都日复一日地折磨着我。"

在没有紫外线的情况下，人更容易受到细菌和真菌的感染。被困矿工中一些人先前就患有糖尿病和高血压。由于缺乏营养，这些人已经很虚弱了，一旦感染就可能是致命的。雪上加霜的是，避难所的条件非常糟糕。他们被困在那里好

救援开始

A 计划

A计划是用一台型号为"Strata 950"的钻机。该钻机产于澳大利亚，由南非默里&罗伯茨矿业公司（Murray & Roberts）提供，用于在不使用炸药的情况下在不同矿层的矿井之间建立圆形竖井。该钻机重达31吨，必须拆分成不同部分用卡车运送到圣何塞。但救援人员不得不放弃A计划，因为进一步的钻探会导致逃生井坍塌，一旦坍塌，意味着要在移除几吨的碎片后才能将矿工们解救出来。

B 计划

B计划需要使用施拉姆（Schramm）公司的一种名为"T130XD"的空心钻。这种钻机有四个锤子可以同时工作，可以拓宽已有的三个窄洞中的一个，这样可以把食物、补给品和补给装备送下去。这台钻机也是第一个到达被困矿工所在地的钻机。利用撞击技术，这台钻机每天能够凿掉40多米深的岩石，并将直径14厘米的洞扩大到直径30厘米。然而，这些孔的直径需要扩大到71厘米，但是这样做会给钻头带来太大的压力。

C 计划

矿工们最后的希望是由精密钻探公司（Precision drilling Corporation）操作的、名为"rig-421"的加拿大产的石油钻机。该设备体积庞大，必须用40辆卡车从智利的伊基克运到科皮亚波。因为它太大了，而救援队的目标又太小，所以使用它有可能会使事情变得更加糟糕。

当钻洞终于足够大时，救援队用绞车和滑轮系统把一个"凤凰号"救生舱送了下去，然后把矿工们拉上来。每个被救上来的矿工都戴着一副生物背带，这是为宇航员设计的，用来监测他们的心率、体温、呼吸和耗氧量，此外每人还戴上了一副太阳镜，以保护眼睛，以防在经历了这么多天的黑暗之后受到户外强光的伤害。救援工作花了将近24小时才完成，在2010年10月13日那天，33名矿工接连离开矿井，现场掌声雷动。

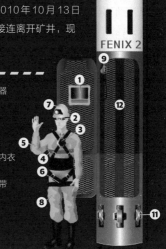

1. 生物测定带的监视器
2. 特殊的黑色太阳镜
3. 五钩安全带
4. 生物背带
5. 防水透气的工作服
6. 抑制真菌的铜纤维内衣
7. 可调式对讲头盔
8. 预防血栓形成的绑带
9. 氧气面罩
10. 绞车系统连接处
11. 固定轮
12. 救生舱

▲ 这张图片展示了在犹他州发生的一次类似事故。事故中 6 名矿工被困在 1500 英尺深的地下

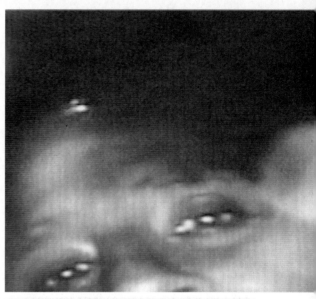

▲ 17 天后钻出了一个救援洞，地面救援队第一次与被困矿工取得了联系

几周，而那里恒定的温度是35摄氏度，空气中的湿度是令人窒息的95%相对湿度。

到第19天，矿场开始被称为希望营。矿工们不再挨饿，接下来就是钻一个足够大的洞把他们救出来。计划包括将一个可容纳一人的救生舱放下地面，然后用人工将33个人通过救生舱一个接一个地拉回地面。

希望营的救援人员将一台投影仪传递到井下，矿工们得以观看智利和乌克兰的一场足球比赛现场直播，而他们的家人也在希望营的帐篷里观看同一场比赛。在很短的一段时间里，避难所里充满了掌声和欢声笑语。其中一名矿工富兰克林·洛沃斯（53岁）是一名退役的职业足球运动员，他为矿工们做了中场分析，但是这场比赛智利以1比2输了，让人情绪低落。

希望营的救援即将进入到第24天，一切似乎已成定局。但事态突然急转直下，因为有人发现有东西堵住了其中一个钻机。通过伸下地面的摄像头，救援人员很快发现钻头已经折了，因为

钻头钻上了一个隧道顶部的铁螺栓，事前并没有人知道这个东西的存在。第36天，由于液压软管泄漏，另一个钻机也不得不关闭。矿工们注意到钻探停止了，开始更加不安。

救援A计划和B计划的作业可能已经无法继续，但希望还在。最后，在第37天，C计划终于出台了。150英尺高的新型钻井平台给人们带来了乐观情绪。最终，三个作业平台都恢复了正常，工程师们开始做最后的冲刺。经过数周的扩孔工作，孔洞已经足够大，能够容纳救生舱通过，在解决了几个技术问题之后，任务接近尾声了。

10月13日上午，救生舱终于被送到了矿井底部，返回计划开始实施。返回地面需要20分钟，救生舱内部很窄，环境幽闭，但它带有氧气罐和安全带。救生舱先将强壮的人运送上来，之后是生病的和年长的人。

经历了69天令人崩溃的黑暗，矿工们终于回到地面。全世界超过10亿人通过电视观看了

33
全部被困地下并被成功获救的矿工人数

被困于
2300
英尺深的地下

22.5
将全部33名矿工拉上地面所用的小时数

69
矿工们在地下度过的天数

28
让矿工们吃上热乎的饭菜所耗天数

矿工们的年龄范围
19—63

接下来发生的事情

从矿工获救到现在，发生了很多事情，有好的也有不好的。看到他们的故事成为全世界的新闻，这33个人后来发现自己成了众人关注的焦点，他们决定借此来帮助别人。他们一起建立了一个基金会，分享他们的经历，同时敦促人们改善矿场安全条件，避免发生类似事件。

成立基金会并不是唯一源于此次灾难的慈善行动。在2011年夏天，智利当时的第一夫人切奇莉亚·莫雷尔代表时任总统塞瓦斯蒂安·皮涅拉向33名矿工中的14人发放了终身津贴。"事故发生时，我们动用了所有可用的资源来营救你们。"莫雷尔说，"我们每时每刻都陪伴着你们的家人，我们不能抛弃你们让你们听天由命。本届政府承诺支持你们，并尽我们所能帮助你们。"这14个人，终生享受每人每月25万智利比索的津贴。

但在追责方面，事情进展不尽如人意。矿工家属对圣埃斯特万矿业公司提起了诉讼，法官冻结了圣埃斯特万矿业公司200万美元的资产。直到2013年8月1日，经过三年的调查，围绕铜矿坍塌的调查才接近尾声并提出指控。

矿工们的故事被公开和重述后，人们对他们的兴趣可能已经消退，但从未消失。2014年，导演帕特里夏·里根开始拍摄一部名为《33人》的电影。这部电影根据这次事故讲述了矿难故事并展现了矿井里发生的事情。该片于2015年11月上映，由安东尼奥·班德拉斯、罗德里戈·桑托罗、朱丽叶·比诺什和乔什·布洛林主演。然而，人们对这部电影的评价褒贬不一，一些影评人称赞其鼓舞人心的英雄主义；而另一些人则批评这部电影感觉像是一部全面的灾难片，而不是一部冷静的、基于事实的记录片。

这一鼓舞人心的场面。像船长留在船上一样，领班路易斯·乌尔苏阿是最后一个离开矿井的人。走出救生舱后，迎接他的是气球、五彩纸屑和雷鸣般的掌声。他被当作英雄一样被迎接回来。

获救后，这些矿工成了国际明星。尽管人们一直在关注新闻事件的进展，但每个人都想直接听到他们的故事。这33个人不可思议的经历说明，当事情出了差错时，总会有热心的人出手相助，让事情重新走上正轨。

概况

■ 死亡人数: 722 人
■ 吕宋岛, 菲律宾
■ 1991 年 6 月 15 日

在一系列小型地震之后, 皮纳图博火山
爆发了, 就在这时, 一场可怕的台风袭
击了小镇。如果没有科学家们收集的情
报, 死亡人数可能更多。

皮纳图博火山喷发

就在台风来袭时，皮纳图博火山爆发了。科学家们是如何帮助拯救成千上万条生命的呢？

美国人咬着指甲，紧张地在办公室里踱来踱去，伸手去拿咖啡，以便让自己更加清醒。那是1991年6月10日的晚上，来自美国地质勘探局（USGS）的火山灾害援助项目小组在为皮纳图博火山感到焦虑，因为他们预测到这座火山即将喷发。然而，他们不能肯定地说出会发生什么事。

皮纳图博火山位于菲律宾吕宋岛，在首都马尼拉西北仅90千米处。它位于丛林覆盖的三描礼士山脉中间，直到1991年，它在近500年的时间里一直处于休眠状态。对于生活在火山附近40平方千米以内的50万人来说，它只是一件天然的背景家具，在大多数情况下，没有人会注意到它。在他们的一生中，它从来没有造成过任何危险。但这种情况随即改变了。1991年3月15日，菲律宾火山与地震学研究所注意到一系列地

▲ 火山学家莫里斯·克拉夫特和凯蒂娅·克拉夫特

疏散情况

　　说服人们疏散并不容易，但对于皮纳图博火山喷发来说，之前的另外两场灾难帮了专家们的忙。

　　第一场灾难是1985年哥伦比亚北部的内瓦多·德·鲁伊斯火山爆发，这导致了一场泥石流，造成23000人死亡。"那场灾难是科学家、政府和公众沟通不畅的结果，因此，火山学界决心改善科学家与决策者沟通的方式。"火山学家约翰·埃沃特说。

　　第二场灾难与一对夫妇有关。火山学家和影视录像制作人莫里斯·克拉夫特和凯蒂娅·克拉夫特，受国际火山学协会的委托，制作了关于火山现象及其对人类和农业影响的教育片。他们的第一个任务是研究哥伦比亚火山爆发的后果。克拉夫特制作了一段名为《了解火山危险》的视频，美国地质勘探局在菲律宾的团队使用了这段视频，经过粗略的剪辑来阐述他们对皮纳图博火山的看法。但在6月3日，克拉夫特夫妇正在现场拍摄日本云仙山喷发，当时41人死于火山碎屑流，他们也在其中。"这对我们的科学团队和我们试图说服的人产生了很大的影响。"埃沃特说，"我们会说，看，这是内瓦多·德·鲁伊斯火山的视频，但你们要知道制作它的人几天前死于火山碎屑流。你们需要严肃对待这件事。"

▲ 军队和平民从克拉克空军基地撤离

震，一个事实越来越清晰——皮纳图博火山正在苏醒。

　　到4月2日，问题就清晰了。现有熔岩丘的北侧出现了一条约1.5千米长的裂缝。在菲律宾火山与地震学研究所的要求下，在随后的几次蒸汽爆炸之后，美国地质勘探局派出了一个三人小组前往菲律宾，协助全天候监控火山。当他们目睹了一连串的爆炸时，第二个小组——其中包括火山学家约翰·埃沃特——也被派了出去。

　　"那时，人们并不知道皮纳图博是一座活火山。"埃沃特说，"这一地区是丛林中一处不太明显的地势，而不是人们熟悉的巨大的圆锥形火山。我们在它还没有活动之前进入了这一地区。在4月2日的地质活动之前，附近没有地震仪器，我们是从头开始工作的。除了在人们的记忆中它从未爆发过之外，我们对正在处理的事情知之甚少。"

　　4月2日以后，菲律宾火山学家在火山西北部放置了便携式地震记录仪。5天之后，他们认为在自火山山顶向下的10平方千米范围内，所有人必须撤离。当美国地质勘探局的团队到达时，他们又安装了无线电遥测仪器。虽然人们关心的焦点在火山本身，但同时他们也非常关心火山周围的环境。因为这座火山不仅靠近拥有数十万居民的天使城，而且还位于当时美国最大的两个外国军事基地——苏比克海军基地和克拉克空军基地之间。克拉克空军基地有15000名常住人口，天使城的经济非常依赖它，但这里也非常敏感。当援助组开始起草疏散计划时，他们不得不就灾难管理的政治问题进行谈判。"我们的目标是弄清楚这座火山会给菲律宾和美国军事基地带来什么危险。"埃沃特说，"我们想看看能否预测火山何时喷发，但这些军事基地给科学家们带来了巨大的压力，让他们感到非常焦虑。"

为获得更准确的估量数据，埃沃特的任务是在地震监测设备中加装上倾斜仪。"从本质上说，这个仪器和电工使用的设备一样，只不过这个设备极度敏感。"他说，当火山下的岩浆库增长或通往地表的通道已经开放时，这个设备可以检测火山山体膨胀的程度。随着时间的流逝，他们的担忧在加剧。在6月3日的第一次岩浆喷发时，他们就知道自己必须尽快实施计划。

事实上，在这4天里，这座火山已经发生了一次大爆炸，爆炸产生了一个高达7000米的火山灰柱。是时候说服人们必须离开了，否则在即将到来的火山猛烈的喷发中，无人可以幸免。

科学家、官员和公众之间的谈判仍在继续。

大约有14000人提着包穿过田野。

与此同时，研究小组查看了火山周边已往的火山沉积物，并试图拼凑线索，推测可能发生的情况。随着火山灰继续渗入到空气中，已经到了必须采取行动的最后时刻了，因此专家小组通知了方圆20平方千米内的人撤离。很快，居住在克拉克空军基地的军人和家属们也需要撤离了。经过一番劝说，在6月10日上午，人们开始动身。大约有14000人拎着包穿过田野，等候巴士来帮助疏散。现场秩序井然，但其他地方仍有不愿

▲ 在克拉克空军基地，9厘米厚的火山灰覆盖在车辆上

203

火山喷发的后果

火山喷发后，地貌发生了变化。"这里的色彩只剩下灰色，空气里还有一点辛辣的硫磺气味。"目击者火山学家约翰·埃沃特说。火山和台风的影响也对地面造成了损害。埃沃特解释说："当5至7立方千米的碎片状物质被抛到高地，又遇到带来降雨量达数厘米的台风，就会产生碎屑流。""由于水不会像在正常土壤中那样渗透（因为火山灰是防水的或疏水性的），雨水就会把松散的碎片材料聚集在一起。这些东西在顺坡而下的时候膨胀起来，导致它们变得和混凝土一样。在皮纳图博火山喷发过程中，这些物质非常稠密，炙热异常。当它们

沉积下来之后，就变成了火山碎屑流。在400摄氏度至500摄氏度时，这种炽热的材料和水一起，顺着坡向下快速移动。这给皮纳图博火山周围的三个省造成了影响未来十年的问题。"

灾难的一些后果也让幸存者们感到非常不适。"天气又热又潮湿。"埃沃特说，"你想象一下，在32摄氏度或33摄氏度的高温下，人的身上总是沾满滑石粉大小的灰尘，那是多么的不舒服。沙砾会粘在任何东西上。我花了4天时间才把头发上和身上的灰弄掉。"

意撤离的情况。"天使城的市长认为美国人是胆小鬼，因为他们说天要塌下来了。"埃沃特说，"市长说没有理由担心，每个人都应该像往常一样做自己的事情。不过他没有连任。"原因显而易见。

6月12日上午8点51分，皮纳图博火山持续20分钟的喷发形成了19千米高的火山灰云。"令人印象非常深刻，"埃沃特钦佩地说，"它形成了一个巨大的伞形云。它是如此美丽清晰，每个人都可以看到它。"埃沃特松了一口气，"人们现在可以理解了，这里正在发生一件大事。"一股巨大的火山碎屑流从山顶延伸了4千米远，但

它才刚刚开始。埃沃特说："我们真的很幸运，第一次爆炸发生在白天，人们可以看到。……我们在喷发48小时前才撤离此地，虽然我们很累，压力也很大，但幸运的是我们的预测得到了证实。"

3天后，皮纳图博火山的喷发规模达到了峰值。喷发云直达34千米高的天空，喷发散落物覆盖了周围400平方千米的范围。碎片撞击在一起的声音震耳欲聋。埃沃特说："火山的活动方式有迹可循。我们还有运气的成分，在某些时候运气会对人们有利。"

然而，没有人预料到台风"云雅"（Yunya）

会在火山喷发最猛烈的时候，从西向东北移动，造成巨大的破坏。6月15日，风速高达每小时195千米的台风"云雅"袭击了吕宋岛南部。雨水冲击了大地，造成了山洪爆发，房屋被冲走。雨水与火山灰混合在一起，使情况变得更糟。

"如果之前有人告诉我，我将会见证20世纪最大的火山喷发之一，当天还会有台风上岸并席卷整个火山地区，我就会说：'不，这种事发生的概率微乎其微，这不是我所能预料的事。'然而，我就遇到了。"埃沃特说，"这事真就发生了。"

当灰尘落在屋顶上，大雨倾盆而下时，灰和水结合在一起，形成了大面积的重物，这些建筑物无法承受这种重量。建筑物在重压下倒塌，造成数百人死亡。埃沃特说："火山喷口形成时的地震震动了建筑结构，所以在荷载能力和台风两个因素的作用下房屋无法再承受更多的重量。总的来说，大部分伤亡发生在6月15日。人们在建筑物里避难，眼睁睁地看着建筑物倒塌，砸向自己。"火山灾害援助小组的仪器也被摧毁了，当他们在克拉克空军基地的办公室完成最后一次观测时，危险降临了。是时候让他们加入25万人的撤离大军了。"下午两点，我们撤离了克拉克空军基地，留下唯一一个还在使用的仪器。"撤离是一个明智的举动，因为基地遭受了巨大的破坏，最终不得不永远放弃。

当尘埃落定时，好消息和坏消息接踵而来。死亡人数约为800人，超过10000人无家可归。但是，据估计，由于科学家们的早期预警行动，可能挽救了20000人的生命。

沙佩科恩斯空难

2016 年，哥伦比亚

一架拉米亚公司的包机 2933 航班搭载了 45 名巴西沙佩科恩斯足球俱乐部的队员、2 名客人和 21 名记者离开玻利维亚机场，这些人将前往哥伦比亚观看下一场比赛。由于没有做好飞行计划，飞机耗尽了燃料并迫降，之后撞上了塞罗戈多山的一个山脊。飞机上 77 人中有 71 人死于坠机。由于大雾和残骸散落面积过大，救援工作迟缓。

图片所属